考卷中的科学美文

本书让你在增长知识、开阔眼界的同时，
轻松应对各类考卷中的科学文章。

张田勘　著

科学普及出版社
·北京·

目录

第Ⅲ部分　科学文化与行为

第Ⅳ部分　阅读和教辅

序

语文与科学

顾之川

最近，科学普及出版社副总编辑杨虚杰女士与我联系，说她策划了一本《考卷中的科学美文》书稿，希望我能够从语文教育的角度写篇序。虚杰是我相识多年的老朋友了，十多年前，我在主持编写高中语文教材时，曾就语文教材中的科学类作品选文，请她帮过忙，那时她还在《科学时报》任“读书周刊”主编。我们先后召开了两次座谈会，一次在《科学时报》社，一次在北京科学会堂。在她的热心帮助下，会议邀请到许多名家参加，如王绶琯、李元、郭正谊、吴国盛、刘华杰、王渝生、刘兵、陶世龙、田松等，皆我国科普界一时之选。他们发表的高见，为我们编写语文教材拓展了阅读视野，开阔了选文思路。近几年，中国教育学会中学语文教学专业委员会阅读推广中心组织的阅读高峰论坛，邀请吴国盛、刘华杰二位教授做专题报告，很受语文老师欢迎。所谓饮水思源，滴水之恩涌泉相报，正是与虚杰的这一层关系，尽管语文与科学有距离，而我对科学一窍不通，但我还是不避外行之讥，不惮露怯，答应写这篇序。

语文与科学的关系比较复杂，既属于两个不同的范畴，又有着密切的联系。语文具有工具性、基础性、综合性、实践性。一个人不管从事什么工作，都应该具备一定的语文素养，即阅读鉴赏与表达交流的能力。这是因为，语文是工具，运用于人们交际交流，学习发展；语文是桥梁，沟通古今中外文化，传承精神血脉；语文是载体，承载公民人文素养，提供审美体验。工具性与人文性的统一，是语文课程的基本特点。语文学习关系到一个人的终身发展，社会整体的语文素养关系到国家的软实力和文化自信。语文与科学，一个属文科，用形象思维；一个属理科，用逻辑思维。二者看似“两股道上跑的车”，其实关系是非常密切的。著名数学家华罗庚在谈到语文时说:“要打好基础，不管学文学理，都要学好语文。因为语文天生重要。不会说话，不会写文章，行之不远，存之不久……学理科的不学好语文，写出来的东西文理不通，枯燥无味，佶屈聱牙，让人难以看下去，这是不利于交流，不利于事业发展的。”（见申士昌《名人谈语文学习》）常有大学教授抱怨，现在的大学生甚至研究生不会写论文或实验报告，就是因为语文没有学好的缘故。从这个意义上说，科学科普需要语文读写素养，尤其是在当今科技高度发展的时代背景下。西方学界曾有“两种文化”的争论，语文教育或人文素养教育或许是解决这一问题的一种方法。

阅读能力是语文素养的重要组成部分，而阅读的文本包括论述类、文学类和实用类。论述类文本包括科技学术论著，实用类文本分社会交往类、新闻传媒类和知识读物类，其中知识读物类就包括科普读物。对此，语文课程标准有着明确要求。《义务教育语文课程标准（2011 年版）》指出:“语文课程的建设……应密切关注现代社会发展的需要，拓宽语文学习和运用的领域，注重跨学科的学习和现代科技手段的运用，使学生在不同内容和方法的相互交叉、渗透和整合中开阔视野，提高学习效率，初步养成现代社会所需要的语文素养。”“在发展语言能力的同时，发展思维能力，学习科学的思想方法，逐步养成实事求是、崇尚真知的科学态度。”“阅读科技作品，还应注意领会作品中所体现的科学精神和科学思想方法。”《普通高中语文课程标准》更是把“科普读物”作为“实用性阅读与交流”中知识读物类的学习内容，而且把“科学文化论著研习”作为 15 个学习任务群之一，要求“研习自然科学……论文、著作，旨在引导学生体会和把握科学文化论著表达的观点，提高阅读理解科学文化论著的能力”。

为了落实语文课程标准的要求，语文教材中也选了不少科技科学类作品。如初中语文教材选了《动物笑谈》《太空一日》《带上她的眼睛》《大自然的语言》《时间的脚印》《应有格物致知精神》《昆虫记》等，高中语文教材选有《飞向太空的航程》《动物游戏之谜》《宇宙的边疆》《一名物理学家的教育历程》《中国建筑的特征》《作为生物的社会》《宇宙的未来》《天工开物》《科学素养，你具备吗？》等课文，意在让学生在学习语文的过程中，培育他们的科学素养与科学意识，倡导从小学科学、爱科学的意识，培养他们的理性思辨能力、探究能力和创新能力。

语文考试一般是在现代文阅读中考查学生对科技科普类作品的阅读理解，包括论述类文本和实用类文本。教育部颁布的《语文考试大纲》明确规定：“阅读中外论述类文本。了解……学术论文、时评、书评等论述类文本的基本特征和主要表达方式。阅读论述类文本，应注重文本的说理性和逻辑性，分析文本的论点、论据和论证方法。”“阅读和评价中外实用类文本。了解……科普文章等实用类文本的基本特征和主要表现手法。阅读实用类文本，应注重真实性和实用性，准确解读文本，筛选整合信息，分析思想内容、构成要素和语言特色，评价文本的社会功用，探讨文本反映的人生价值和时代精神。”所以语文考试也常选用科技类作品作为语料，包括科技说明文、科技论述文和科学家传记等。比如，高考语文全国卷曾把沙尘暴、温室效应、人工智能、科技黑箱、全球气候变暖等文本作为阅读材料，科学家传记考过徐光启、袁隆平、王选、谢希德、邓叔群、吴文俊、吴征镒、达尔文、玻尔等。2016 年北京市中考语文试卷中有这样一道作文题：“据报道，在 3D 虚拟现实的校园实验室里，可以让屏幕里的蝴蝶飞到眼前，可以模拟在不同星球的重力实验，可以置身于恐龙生活的白垩纪，可以探索原子内部的无穷奥秘……在这样奇妙的实验室里学习，会发生怎样有趣的事情呢？请你发挥想象，以‘奇妙的实验室’为题目，写一篇记叙文。”显然，语文考试的这种导向，就是力求打通语文课与其他学科的联系，培育科学精神，掌握科学方法，树立科学意识，强化学科学、爱科学、用科学的兴趣，激发探索科学奥秘的热情。

语文考试重在考查阅读能力，而不以考查科学知识为目的，所以语文试题一般不会选那些专业性太强的，只能选那些文字浅显、生动有趣的科普类文本作为阅读材料。语文考试命题是一种专业性、技术性很强的工作，尤其是高考、中考这些考试，非一般用于教学的模拟题所可比。拿高考来说，第一，要明确考查目标是立德树人、服务选拔、引导教学，回答为什么考的问题；第二，要明确考查内容包括必备知识、关键能力、学科素养、核心价值，回答考什么的问题；第三，还要明确考查方式，试题应符合基础性、综合性、应用性、创新性的要求，回答即怎么考的问题。所以在命题的过程中，阅读材料怎么选，所选材料有没有“题眼”，选定后怎么加工，如何使用，题目以什么方式呈现，不仅大有学问，也体现着命题水平或专业功力。一般说来，命题时所选的文段都需要经过进一步加工、打磨的过程，并不是“捡到篮子里就是菜”。比如，为了命题的需要，篇幅长的需要压缩，文中信息零散的需要整合，文字表述不畅的需要理顺，原文如有疏漏则要加以改正，不能以讹传讹。收在本书中的这些题目，由于考试性质不同，考查目标各异，而且试题成于众手，命题者水平不一，试题质量参差不齐。现在，科学普及出版社把这些试题汇为一册，有试题、参考答案和原文，相信对广大中学生朋友复习应考有一定帮助，即使对一般读者希望增加相关科学素养，也有相当参考价值。

是为序。

2017 年 4 月 18 日

（作者是人民教育出版社编审、课程教材研究所研究员，兼任中国教育学会中学语文教学专业委员会理事长）

第I部分

自然、生态与环境

本章有7篇文章入选全国各地中考、高考以及各类考试试卷。本章全部是关于自然、生态与环境的内容，说明语文试卷在更多地关注自然、生态和环境，并且把人类的活动看作是对自然、生态和环境最重要的影响力。

阅读本章入选的考题，对于学生和考生在今后面临此类相同和相似内容的考卷有很好的帮助，而且，即便不是为了考试，也可以从中获得某些启示和阅读乐趣。

岛上的动物不怕人

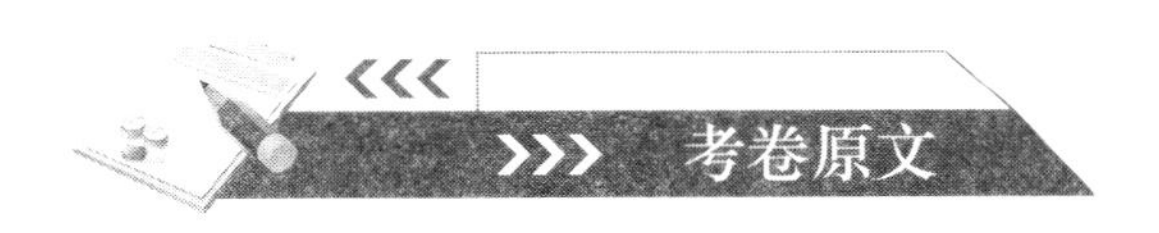

① 加拉帕戈斯群岛是世界上最孤独的群岛之一。它位于太平洋东部的赤道上，是厄瓜多尔共和国的一个省。直到16世纪初，世人还不知道这片群岛的存在。

② 1835年，达尔文搭乘英国皇家舰船“猎犬”号，在这个岛上停留了一个月，对岛上800多种动植物进行了考察。后来，达尔文花了近30年时间写出了《物种起源》这部巨著。通过对比加拉帕戈斯群岛上的物种与南美大陆物种的相似与差异，他在书中提出了进化论，这是该书提出的最大科学假说。

③ 达尔文在加拉帕戈斯群岛考察的时候发现了一个有趣的现象，岛上的动物比大陆上的动物更为温顺。达尔文的解释是，岛屿上的动物没有太多的捕食者（天敌），以致它们并不会躲避人和其他动物（捕食者）。岛屿动物相比那些面对威胁更多更频繁的大陆动物，用于准备逃跑的时间和能量都更少。

④　这个假说实际上是自然选择的一部分，即动物会改变并最终进化以适应它们生活的环境。

⑤　一种科学假说不仅需要假说提出者进行证明，更需要时间和他人的研究来验证和旁证。现在，距离达尔文在加拉帕戈斯群岛考察已经过去了约180年，一组科学家现在证明，加拉帕戈斯群岛上的蜥蜴的确比内陆上的蜥蜴更加温顺。

⑥　研究人员发现，他们能够更近距离地靠近并观察加拉帕戈斯群岛上的蜥蜴。研究人员选择了来自五大洲的66种不同的蜥蜴进行研究，观察它们面对人类或潜在的捕猎者时的反应。

⑦　结果发现，生活在岛屿上的蜥蜴在身边出现人类和其他捕食者时，不会像生活在大陆上的蜥蜴那样紧张不安。与大陆蜥蜴相比，岛屿蜥蜴表现得更加平静，在逃跑前允许人类与它们离得更近。他们还发现了一个趋势，动物的居住地离大陆越远，它们在逃跑前允许捕食者靠近自己的距离越近。

⑧　因为，遥远的岛屿上捕食者较少，动物不必对更多的捕食者产生警惕。研究者认为，这一结果与达尔文当年的观测结果一模一样。也就是说，在约180年后的今天，不同的研究人员证实了达尔文的科学假说。

⑨　其实，不仅研究人员在今天可以证实达尔文的假说，就是一般旅游者也可以通过观察得出与达尔文相同的结论。

⑩　比如，加拉帕戈斯群岛上大名鼎鼎的达尔文雀根本就不怕人，它们落

到饭桌上，啄食盘子里的饭粒。海狮会躺在酒吧的吧台前，对围着它拍照的人视而不见，母海狮还会带着小海狮躺在栈道上，阻拦人的通过。巨大的陆龟同样无视人的存在，会径直朝人们爬来，旅游者只得为它们让路。

（选自2014年3月8日《羊城晚报》，有改动）

试 题

1. 加拉帕戈斯群岛上的动物为什么不怕人?

2. 选文第⑦段中加线句主要运用了哪种说明方法？有什么作用?

3. 下面加着重号的词能删去吗？为什么?

加拉帕戈斯群岛是世界上最孤独的群岛之一。

4. 选文体现了科学家怎样的科学精神？请做简要分析。

参考答案

1. 因为岛屿上的动物没有太多的捕食者（天敌），以致它们并不会躲避人（捕食者）。

2. 作比较；通过对生活在岛屿上的蜥蜴和生活在大陆上的蜥蜴，面对人类或潜在的捕猎者时的反应进行比较，突出了岛屿上的蜥蜴更温顺的特点，从而证实了达尔文当年的观测结果和科学假说。

3. 不能删去。“之一”说明“加拉帕戈斯群岛是世界上最孤独的群岛”中的一个，如删去，就变成唯一一个了，与客观事实不符。“之一”体现出说明文语言的准确性、科学性。

4.示例一：执着的探索精神。180年前达尔文提出了科学假说，180年后一组科学家进行科学论证。示例二：实践精神。无论达尔文还是180年后的进行岛上动物研究的科学家，他们的行为都在说明科学研究的实践精神。

岛屿上的动物为何不怕人?

183年前，查尔斯·达尔文在考察加拉帕戈斯群岛时曾提出过一个有名的假说，岛屿上的动物更温顺。今天，研究人员再次证明了这一假说。达尔文的主要依据是，加拉帕戈斯群岛上的陆鬣蜥和海鬣蜥都不怕人。

达尔文在游记和后来的著作中说，加拉帕戈斯群岛的陆鬣蜥“长得很丑，有着一种特别愚蠢的相貌，行动起来一副懒洋洋的、半麻木的样子……”。对于这种不怕人的动物，达尔文曾搞笑地记载：“我曾长时间地观察它们挖洞。等它前半身进了洞后，我拽它的尾巴，它大为震惊，立刻转过身来看看是怎么回事。它凝视着我的脸，好像在说：为什么要拽我的尾巴？”

加拉帕戈斯群岛是世界上最孤独、最美丽的群岛之一，位于太平洋东部的赤道上，是厄瓜多尔共和国的一个省，离厄瓜多尔本土1000千米，厄瓜多尔人又称其为科隆岛。直到16世纪初，世人还不知道这片群岛的存在。1535年，巴拿马主教佛里·汤玛斯在前往秘鲁途中发现了这片群岛。在他的眼里，这个岛上最具特色的动物就是一种称为象龟的巨大乌龟。后来，汤玛斯将这个岛命名为加拉帕戈斯群岛，“加拉帕戈斯”一词在西班牙语中即“巨龟”的意思。

1835年，达尔文搭乘英国皇家舰船“猎犬”号在这个岛上停留了一个月，对岛上800多种动植物进行了考察。再后来，达尔文花了近30年时间写出了《物种起源》的巨著。通过对比加拉帕戈斯群岛上的物种与南美大陆物种的相似与差异，达尔文在书中提出了进化论，这也是该书提出的最大科学假说。今天，进化论这一科学假说已经大部分得到了证实。

达尔文在加拉帕戈斯群岛考察的时候发现了一个有趣的现象，岛上的动物比大陆上的动物更为温顺。于是，达尔文提出了一个假说来解释为何岛屿上的动物更加温顺。因为岛上的动物没有太多的捕食者（天敌），以致它们并不会躲避人和其他动物（捕食者）。岛屿动物相比那些面对威胁更多更频繁的大陆动物，用于准备逃跑的时间和能量都更少。

这个假说实际上是自然选择的一部分，也就是动物会改变并最终进化以适应它们生活的环境。

一种科学假说不仅需要假说提出者进行证明，更需要时间和他人的研究来验证和旁证。现在，距离达尔文在加拉帕戈斯群岛考察已经过去了183年，一组科学家现在证明，加拉帕戈斯群岛上的蜥蜴的确比内陆上的蜥蜴更加温顺。这个结论是美国加州大学河滨分校、美国印第安纳普渡大学韦恩堡分校和乔治·华盛顿大学的研究人员共同得出的。

研究人员发现，他们能够更近距离地靠近并观察加拉帕戈斯群岛上的蜥蜴。面对其他生物，岛上的动物会做出什么反应是这些研究人员研究的一部分内容，但仅此内容不能验证达尔文的假说。研究人员选择了来自五大洲和大西洋、太平洋、地中海和加勒比海岛屿的66种不同的蜥蜴进行研究，观察它们面对人类或潜在的捕猎者时的反应。

结果发现，生活在岛屿上的蜥蜴在身边出现人类和其他潜在捕食者时不会像生活在大陆上的蜥蜴那样紧张不安。与大陆蜥蜴相比，岛屿蜥蜴表现得更加平静，在逃跑前允许人类与它们离得更近。研究者之一、加利福尼亚大学里弗赛德分校生物学家西奥多·加兰教授进一步解释说，他们还发现了一个类似的趋势，动物的居住地离大陆越远，它们在逃跑前允许捕食者靠近自己的距离越近。

因为，遥远的岛屿上捕食者较少，动物不必对更多的捕食者产生警惕，对此自然选择倾向于那些无需逃逸的动物。加兰教授认为，这一结果与达尔文当年的观测结果一模一样。也就是说，在183年后的今天，不同的研究人员证实了达尔文的科学假说。

其实，不仅研究人员在今天可以证实达尔文的假说，就是一般旅游者也可以通过观察得出与达尔文相同的结论。比如，加拉帕戈斯群岛上大名鼎鼎的达尔文雀根本就不怕人，它们落到饭桌上，啄食盘子里的饭粒。海狮会躺在酒吧的吧台前，对围着它拍照的人视而不见，母海狮还会带着小海狮躺在栈道上，阻拦人的通过。巨大的陆龟同样无视人的存在，会径直朝人们爬来，旅游者只得为他们让路。当然，无论是岛上的陆鬣蜥还是海鬣蜥也都不怕人。

海洋垃圾

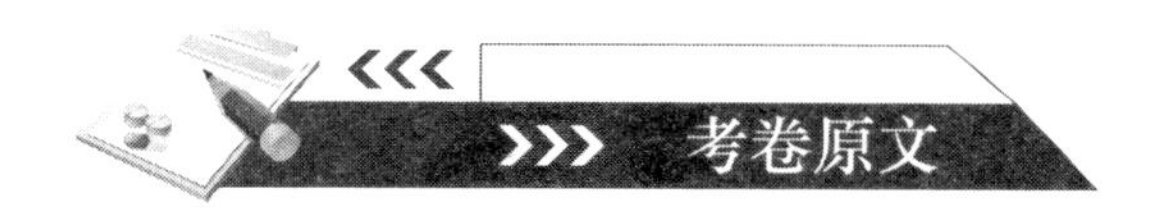

① 日本，“3·11”九级大地震引发强烈海啸，导致大量的房屋、汽车和各种残骸卷入太平洋，形成了一个长约111千米“垃圾岛”。研究人员估计，这个漂浮在海上的“垃圾岛”两年内会漂至夏威夷，3年后漂到美国西岸。

② 其实，在日本地震和海啸导致大量垃圾卷入海洋之前，人们生活的这个星球的海洋上就已经漂浮着大量的海上垃圾。2007年，美国科学家发现，太平洋上漂浮着一个巨大的“太平洋垃圾岛”，其面积有两个得克萨斯州那么大。虽然后来有人认为其面积被过分夸大了，但其存在却是不争的事实。

③ 海洋垃圾不仅影响海洋景观，还可能威胁航行安全。但更可怕的是，会对海洋生态系统的健康产生致命的影响，进而对海洋经济产生负面效应。海洋垃圾已引起全球的高度重视，新加坡等发达国家正采取措施，尝试处理这一问题。

④ 由于海上垃圾大部分是塑料，所以处理海上垃圾的首选办法是焚烧发电。不过海洋垃圾的焚烧发电有几个问题需要解决。搁置、脱水外，还会遇到二噁英的排放问题。由于塑料焚烧可产生大量的二噁英，会危及环境和生态，需要有特别能控制二噁英排放的高级焚化炉。

⑤ 海洋垃圾的另一个处理办法是建造人工岛屿。1998 年，新加坡政府在两个离岸的小岛实马高和西康之间建造了 1 千米长的岩石长堤，并分出了 11 个相互连接的海湾单元；将单元里的海水抽干，排放好一层厚厚的塑料膜；然后将垃圾灰烬倾倒在这些单元里进行密封，以防止泄漏。至于垃圾中那些不能燃烧和回收的材料，比如石棉，也被塑料密封并掩埋在泥土中。此后，每个月都要对单元周围的海水取样检测，到现在为止，还没有发现任何单元有泄漏和污染海水的情况。每当一个单元的垃圾填到二三米高时，就进行铺沙种草，接着继续埋置垃圾。如此反复，垃圾最高可埋置到 30 米。最后在上面栽种植物，不再堆放垃圾。

（选自 2011 年 4 月 20 日《北京日报》，有删改）

试 题

材料一：目前，我国垃圾堆存量已达 60 亿吨，占用耕地 5 亿平方米。全国 660 个主要城市中，有 200 个城市陷入垃圾包围之中。以城市人口 6 亿为例，如每人每年产生 440 千克垃圾，年产生垃圾量为 2.64 亿吨。

材料二：英国的垃圾填埋率为 90%，意大利为 74%，美国为 67%，法国为 45%，德国为 46%。瑞士的垃圾焚烧率为 74%，日本为 72%，丹麦为 70%。美国的废纸利用率为 60%，铁罐头盒回收率为 25%，玻璃回收率为 20%。

1. 文章第①节，从日本大地震产生的垃圾岛写起有何用意?

2. 结合上下文，分别指出下列句子中加点部分的作用。

（1）到现在为止，还没有发现任何单元有泄漏和污染海水的情况。

（2）太平洋上漂浮着一个巨大的“太平洋垃圾岛”，其面积有两个得克萨斯州那么大。

3. 请用简洁的语言说明第⑤节中新加坡建造人工岛屿的具体步骤。（限60字以内）

4. 根据文章内容和链接材料，就垃圾问题进行探究，写出你的两点发现。

参考答案

1. 引出海洋垃圾的话题，激发阅读兴趣。

2.（1）到现在为止，限制了时间，准确地说明了没有发现任何单元有泄漏和污染海水的现象，只是现在的运行状况，并不表示以后一定不会发生。（2）运用了作比较的说明方法，具体地介绍了“太平洋垃圾岛”面积之大，海上漂浮的垃圾之多，使读者对“太平洋垃圾岛”的印象更直观、更清晰。

3. 建长堤，分单元；抽干海水，排放塑料膜；倾倒并密封垃圾；定期能检测；反复铺沙；栽种植物。

4. 参考示例

（1）我国城市面临严重的生活垃圾问题，加强环保教育刻不容缓；

（2）海洋面临着人类生活垃圾危险；

（3）发达国家在处理垃圾问题方面有各自成熟的技术。

作者原文

海洋垃圾何去何从？

3月11日，日本发生9级大地震并引发强烈海啸。此后，大量的房屋、汽车和各种残骸卷入太平洋，形成了一个长约111千米的“垃圾岛”。研究人员估计，这个漂浮在海上的“垃圾岛”2年内会漂至夏威夷，3年后漂到美国西岸。

海上垃圾与公地悲剧

其实，在日本地震和海啸导致大量垃圾卷入海洋之前，人们生活的这个星球中的海洋上就已经漂浮着大量的海上垃圾。

2007年，美国科学家发现，太平洋上漂浮着一个巨大的“太平洋垃圾岛”，其面积有两个美国得克萨斯州（该州面积约69万平方千米）那么大。这座漂浮在海面上的巨大垃圾岛飘荡在旧金山和夏威夷之间的广阔水域，主要由生活垃圾构成，其中80%以上都是废弃的塑料制品，重达1亿吨。

2008年的海洋垃圾监测统计结果表明，人类海岸活动和娱乐活动，航运、捕鱼等海上活动是海滩垃圾的主要来源，分别占57%和21%；人类海岸活动和娱乐活动，其他弃置物是海面漂浮垃圾的主要来源，分别占57%和31%。进入海洋的垃圾通过不断运动的洋流将它们聚集在一起，形成了海洋上庞大的垃圾岛。大西洋、印度洋等海洋也有相似的巨大的海上垃圾岛。

除了塑料外，海上垃圾由人类各种物品构成，凡是陆地上人类使用、食用和消费的各种东西，都可能最终流入海洋成为海洋垃圾的组成部分。例如，重金属汞、镉、铜、铅等，各种农药，石油及石油制品等。其他可以分类的组成海洋垃圾的物品有：

日用品和医疗用品，包括商业和工业磁性片材、注射器、包扎带和手术手套、食品容器、笔、梳子、鞋、玩具、渔网、蚊帐、钓鱼线、绳子、捆扎带、荧光棒、安全帽、炸药筒、钻孔插头、雷管、浮标等；

橡胶类，如手套、气球、雨靴、安全套和轮胎等；

木制品类，如建筑木材、养殖笼、集装箱、木塞、刷子、家具和整幢房子等；

金属类，如铝制或锡制饮料罐、自行车、剃须刀、罐头、针、刀、家电、汽车零部件、枪支和弹药等；

纸制品类，如箱包、香烟盒、烟头、纸盒、纸杯、纸板箱和纸板件、报纸杂志和纸巾等；

纺织品和皮革类，如服装、手套、鞋子、布料、棉绳、装饰用织物、卫生巾、卫生棉、尿布等；

玻璃和陶瓷类，如碎玻璃、食品和饮料瓶罐、药瓶、灯泡、灯管、花盆、花瓶等。

海上垃圾的最大去处就是在海上漫无目的地漂游，形成了一种真正意义上的公地悲剧，因为尽管这是所有人的责任，但不会追究到具体的个人、国家的头上，因而谁也不会为其负责。但是，海洋上漂流的垃圾可以造成多方面的危害。其一，可以阻碍海上交通线，破坏船只；其二，对海洋生物造成伤害，例如，“绿色和平”发现至少267种海洋生物因误食海洋垃圾或者被海洋垃圾缠住而备受折磨，并导致死亡；其三，通过生物链危害人类，如重金属和有毒化学物质可通过鱼类的食入而在体内富集，人吃了这些鱼类会受到伤害。

焚烧发电是处理海洋垃圾的首选

然而，听任海洋垃圾自生自灭既毁坏环境，又给人类带来灾难，所以需要处理海洋垃圾。当这些海洋垃圾危及到一个国家时，就会逼迫相关国家采取措施。例如，日本地震的海上垃圾漂流到美国西岸近海时，美国必然要想办法来处理这些垃圾。而且，当一些商业机构和环保组织真正意识到垃圾是错放到海洋上的无主的财富之时，也会想方设法来处理这些垃圾，以获得良好的声誉和巨大的经济效益。

处理海洋垃圾既与陆地上垃圾处理模式有联系，同时也有自己独特的方式。陆地上处理垃圾的模式有三种，一是卫生填埋，二是焚烧发电，三是综合处理（堆肥）。海洋垃圾的处理也至少可以分为三种，一种是焚烧发电，二是资源转换，三是建造人工岛屿。但是，无论哪一种，成本都会比陆地上的垃圾处理更高，因为需要加上打捞、运输、晾晒垃圾等的成本。

由于海上垃圾大部分是塑料，所以首选的办法应当是打捞后焚烧发电，其灰烬则可以用以填海造地或建造岛屿。研究人员早就计算过塑料焚烧的能量利用。几乎所有塑料都由不可再生石油制成，主要成分是碳氢化合物，可以燃烧，如聚苯乙烯燃烧热量比燃料油还高，是热值很高的大分子材料。

联合国环境规划署（UNEP）规定，当垃圾低位发热量为3350～7100千焦耳/千克，适合焚烧处理。而塑料垃圾的热值最大，全由废塑料构成的垃圾低位发热量可达32527千焦耳/千克，高位发热量为32570千焦耳/千克，全由废木料构成的垃圾低位发热量可达18610千焦耳/千克，由碎玻璃构成的垃圾低位发热量只有140千焦耳/千克。因此，塑料垃圾是最适合于焚烧发电的资源。而塑料占80%以上的海上垃圾更是比陆地上的垃圾占有优势，因为陆地垃圾中塑料只占整个垃圾含量的15%左右，其热值也只占整个垃圾热值40%左右。所以，如果不利用海上垃圾来发电，实际上是一种巨大的浪费。

不过，海洋垃圾的焚烧也有几个问题需要解决。除了打捞和运输外，还需要经短时间搁置脱水。此外，由于塑料焚烧可产生大量的二噁英，会危及环境和生态，需要有特别能控制二噁英排放的高级焚化炉。但是，现在这种焚化炉已成研制成功，而且投产使用，因此控制焚烧时的二噁英已经不是问题。此外，焚烧海洋垃圾也与陆地垃圾的处理一样，需要垃圾分类，首先要分拣到位才能焚烧，而这也并非难题。

海上垃圾焚烧的最大益处是供电，同时经营者可能获得巨大利润。例如，中国广东的李坑焚烧发电一厂于2009年2月正式运行，每吨垃圾平均发电360度，最多可达400多度电，年上网电价达到5000多万元，实现了收支平衡。再加上政府给予的垃圾处理费补贴，已经开始赢利。所以，如果有资金、技术和人员，投资海上垃圾焚烧既是环保和公益，也可获得利润，更是一种利用科技把放错了地方的垃圾转化为财富的有效方式。

资源转换和建造岛屿

由于海洋垃圾80%以上是塑料，这也形成了处理海洋垃圾的另外一些方法，即把塑料这种资源转化为另外的资源。现有的研究表明，可以通过多种技术手段把塑料转化为人类可利用和消费的多种资源。例如，可以用废塑料制造燃油、生产防水抗冻胶、制取芳香族化合物和制备多功能树脂胶等。

现在，用废塑料制造燃油在一些国家已经获得突破，例如中国和泰国。

2003年，中国成都的一项技术——废旧塑料回收燃油技术及工艺设备获得四川省环保局和有关专家的鉴定。应用该技术回收塑料，不但能生产纯度高达90号、93号的汽油，而且还能生产柴油。由于生产成本低，其售价比市面上同类产品每吨便宜300元左右。任何塑料废品，如编织袋、塑料袋、矿泉水瓶、发泡餐盒等，不需任何分类和清洗处理，经过化学裂解，都可使它们变成油质气体，再经冷却分馏后，使其还原为液态混合油。当然，这一技术是否能投产，还需要许多条件，如资金、土地、人员，以及该项技术的实用和推广等。

但是，2010年，泰国宣布，泰国乃至东南亚地区首个废塑料再生产燃油项目在泰国华欣市启动，每天可消耗6吨废塑料，生产出4500升燃油，每年产量为135万升。如果这一技术和生产过程能得到推广，就不愁海洋垃圾找不到地方消化。

另一方面，制取芳香族化合物的研究也正在日本等国家进行。把聚乙烯、聚丙烯等废塑料加热到300℃，使之分解为碳水化合物，然后加入催化剂，即可合成苯、甲苯和二甲苯等芳香族化合物。在525℃的温度下反应时，废旧塑料的70%能够转换为有用的芳香族物质，它们可做化工品和医药品的原料及燃料改进剂等，其余成分可以转换为氢和丙烷。

因此，如果这些技术成熟和投产，将可以大量地消化海上垃圾，而且可能会让一些国家争抢这些海上无主的垃圾资源。

另一方面，一些研究人员也提出了海洋垃圾的另一个去处，即利用海洋垃圾建造人工岛屿。提出这个设想的是荷兰科学家，其基础也是因为海洋垃圾大部分是塑料。他们的设计蓝图是，在收集4.4万吨塑料垃圾后，对这些塑料废品进行无毒无害处理，制成一个个中空的“浮动平台”。把这些平台连接起来可形成小岛的“地基”，在上面铺设泥土和砂石，然后建设道路、农田、沙滩和房屋。

然而，与焚烧和资源转化相比，建造人工岛屿的设想现在只能说是一种理想，而且，与新加坡和日本利用垃圾建造人工岛屿相比，荷兰科学家的设想还只是蓝图。以新加坡建立的实马高岛为例，新加坡是先将垃圾焚烧，然后再把垃圾焚烧后的灰烬密封填入海中。而且，早在 1998 年，新加坡政府在两个离岸的小岛——实马高和西康之间建造了 1 千米长的岩石长堤，并分出了 11 个相互连接的海湾单元，将单元里的海水抽干，然后并排放好一层厚厚的塑料膜，垃圾灰烬就是倾倒在这些单元里进行密封，防止泄漏。此外，掩埋的垃圾中也包括那些不能燃烧和回收的材料，比如石棉。这些垃圾被塑料密封并掩埋在泥土中，每个月都要从单元周围的海水取样检测，到现在为止，还没有发现任何单元有泄漏和污染海水的情况。每当一个单元的垃圾填到二三米高时，就会铺沙种草，然后再继续埋置垃圾。垃圾最高可埋置到 30 米，之后就在上面栽种植物，不再堆垃圾了。

因此，新加坡的实马高岛是有现实的基础。而荷兰科学家的设想是把塑料无害化处理后制成一个个中空的“浮动平台”并连接起来，再在上面铺设泥土和砂石。这样的岛屿实际上是漂浮在海面上的，能否成功，需要试验，但毕竟提供了一个消除海洋垃圾的思路。

连她的天敌一起爱

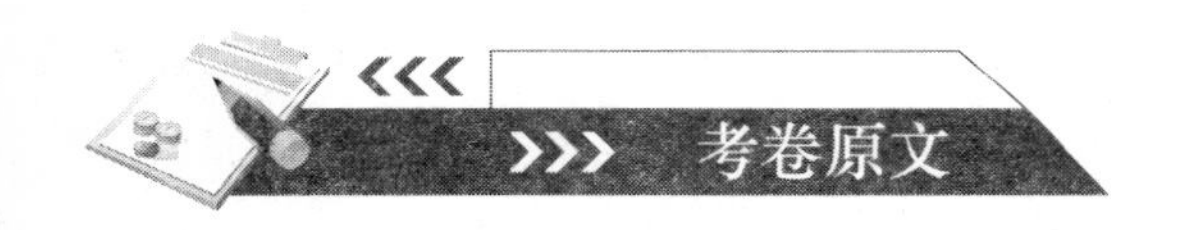

频频出现的生物入侵话题让我想起了欧洲艾菊“出嫁”的故事。

艾菊的“娘家”在欧洲，开起花来金黄色的一片，虽不是如火如荼，却也煞是好看，人见人爱。艾菊不仅好看漂亮，还有很大的药用价值。于是世界各地的人都爱上了她，她也就“出嫁”到了美国、南美和澳洲。

艾菊“初嫁”美国的确风光了一段时间，但后来，却成为美国人的心头大患。这倒不是艾菊不美了，不能做药用了，而是它太霸道了。

在美国西部，艾菊不仅侵吞了大量土地，而且还在那里取代了当地的饲料草，毒杀了当地不少牲畜。艾菊含有吡咯烷生物碱（吡咯 bǐ luò，一种有机化合物），这也是它可以做药用的原因之一。1976 年的空中拍摄中发现，艾菊覆盖了美国西部地区 1.2 万平方千米。美国人感到了恐慌，如果不控制艾菊，当地的其他植物可能就会没命了，想不到当初看起来那么漂亮的“新嫁娘”却原来是一种生态“母老虎”。

美国人的心理极为矛盾，继续要艾菊生存吧，怕这位已变为“母老虎”的“媳妇”毁坏环境；不要吧，她又那么可爱，而且极有用处，何况当初是大家一致同意让她“嫁”到美国的，她就是美国人的亲骨肉。有两全其美的办法吗？既留下艾菊，又要控制它对生态的破坏。专家回答说，办法很简单，那就是要引进她的天敌，连同她的天敌一起爱。

于是，专家把艾菊的天敌红蛾（来自法国）和叶甲壳虫（来自意大利），一同引进到美国西部艾菊生长的地方。红蛾和叶甲壳虫都以艾菊的花和叶子为生，它们与艾菊是与生俱来的相互制约的冤家。有了红蛾和叶甲壳虫的抑制，美国的艾菊又从“母老虎”变成了人人喜爱的“新嫁娘”，它们既生长于美国当地，给人以观赏和药用，又不再对其他植物造成侵害。1988年，艾菊在美国西部地区的覆盖面就减少了60%~90%，而且许多适应当地需要的植物，如饲料草，也恢复了生长。

艾菊“远嫁”的故事蕴涵的原理广泛存在于许多生物中。研究人员发现，欧洲本地的一些植物会受到473种真菌和病毒的感染、寄生，但是这些植物移居到美国后却成为有害的入侵生物。原因在于这些物种“出嫁”美国后受到的真菌和病毒感染比在欧洲减少了77%。不受制衡约束的这些植物便变得强大起来，成为入侵物种。

同样，研究人员发现26种不同的动物，从软体动物，如普通的海螺，到较高级的哺乳动物，如黑鼠，“出嫁”到新的地方后，它们的天敌也减少到了平均只有7种，而在它们的原生地，天敌平均有16种。没有了天敌的有效制约，到了移居地它们都成了“害人精”。

所以，一个地方“迎娶”一种外来生物，就必须考虑连同她的天敌一起接受，这似乎已成为一个规律，否则生态灾难就不可避免。这个原理可能同样适合于我们人类的生活，比如在社会生活中，需要各种利益和力量的相互制约、平衡和监督。

试题

1. 第四段中画线句运用了________、________说明方法，第七段中画线句运用了__________的说明方法。

2. 根据文意，说说一个地方在“迎娶”一种外来生物时，为什么要“连同她的天敌一起爱”。

3. 艾菊的“太霸道”曾让她一度“成为美国人的心头大患”，请你从文中找出艾菊“太霸道”的具体表现。

4. 本文思路清晰，条理分明。请用你喜欢的方式表述你对本文思路的理解。（友情提示：常用的表述方式有图框、表格、箭头、语言表达等）

5. 作者在文章最后指出：一个地方“迎娶”一种外来生物，就必须考虑连同她的天敌一起接受，这个原理可能同样适合于我们人类的生活。你赞同作者这一观点吗？请你结合所了解的知识和生活体验，用具体事例阐述一下理由。

参考答案

1. 第四段中画线句运用了__举例子__、__列数字__说明方法，第七节中画线句运用了__作比较__的说明方法。

2. 根据文意，说说一个地方在“迎娶”一种外来生物时，为什么要“连同她的天敌一起爱”。

答：保持生态平衡/控制它（生物）对生态的破坏/如果没有了天敌的制约，到了移民地他们都成了“害人精”/破坏生态平衡、导致生态灾难。

3. 艾菊的“太霸道”曾让她一度“成为美国人的心头大患”，请你从文中找出艾菊“太霸道”的具体表现。

答：艾菊不仅侵吞了大量土地，而且还在那里取代了当地的饲料草，毒害牲畜。关键词：侵吞土地，毒害牲畜。

4. 本文思路清晰，条理分明。请用你喜欢的方式表述你对本文思路的理解。（友情提示：常用的表述方式有图框、表格、箭头、语言表达等）

答：本文先由艾菊谈到其他植物，再由植物说到动物，最后由生物（动物）再到人类。在说明艾菊时，由艾菊破坏生态平衡的现象，说到保持生态平衡的原理。

5. 作者在文章最后指出：一个地方“迎娶”一种外来生物，就必须考虑连同她的天敌一起接受，这个原理可能同样适合于我们人类的生活。你赞同作者这一观点吗？请你结合所了解的知识和生活体验，用具体事例阐述一下理由。

答：赞同。工农业生产中、彩电生产、西瓜种植等，应适当地控制规模，不能盲目、失度，否则会带来严重的利益损失。再如：人的追求、享受、人际交往等领域中，如果把握不好分寸，就会造成伤害和损失。如：过分追求物质享受，就会导致腐化堕落。再如：同学之间的交往过密，容易分散精力，影响学习。不赞同。如：人类社会中的各种美德、高尚的追求、科学技术的发展等。

连她的天敌（缺点）一起爱

频频出现的生物入侵话题自然让我想起了欧洲艾菊“出嫁”的故事。

艾菊的“娘家”在欧洲，开起花来金黄色的一片，虽不是如火如荼，但也煞是好看，人见人爱。艾菊不仅好看漂亮，还有很大的药用价值。于是世界各地的人都爱上了她，她也就“出嫁”（移居）到了美国、南美和澳洲。而且作为“新嫁娘”的艾菊与美国还有双重的关系，想当年美洲最早的移民之一——几十名清教徒也是从英国乘坐“五月花”号到达美洲的。因此艾菊嫁到美国，既是当地人的“媳妇”，也是他们的“女儿”。

艾菊“初嫁”美国的确风光了一段时间，人人爱喜。但后来，却成为美国人的心头大患。这倒不是艾菊不美了，不招人爱了，不能作药用了，而是它太霸道了，成为一名侵略者和有害物种，危及当地的环境和生态。

在美国西部艾菊不仅侵吞了大量土地，而且由于在那里取代了当地的饲料草，毒杀了当地不少的牲畜，因为艾菊含有吡咯烷生物碱（pyrrolizidine alkaloids），这也是它可以作药用的原理之一。1976年的空中拍摄中发现，艾菊覆盖了美国西部地区12000平方千米。美国人感到了恐慌，如果不控制艾菊，当地的其他植物可能就会没命了，想不到当初看起来那么漂亮的“新嫁娘”却原来是一种生态“母老虎”。

美国人的心理极为矛盾，继续要艾菊生存吧，怕这位已变为“母老虎”的“媳妇”毁坏环境；不要吧，她又那么可爱，而且极有用处，而且当初是大家一致同意让她“嫁”到美国的，她就是美国人的亲骨肉。于是美国人提出了一个两全其美的要求，鱼与熊掌都要，既要留下艾菊，又要控制它对生态的破坏。专家的回答倒也简单，如果还想要艾菊像“新嫁娘”一样美丽可爱和实用，又不让它变成“母老虎”，就要连同它的天敌一起爱。因为，艾菊从欧洲到了美国后，由于环境和旅途的种种原因，它身上的天敌丢失了，艾菊便开始疯长，并侵害其他植物的领土和养分。

于是，专家把艾菊的天敌红蛾（来自法国）和叶甲壳虫（来自意大利），一同引进到美国西部艾菊生长的地方。红蛾和叶甲壳虫都以艾菊的花和叶子为生，它们与艾菊是与生俱来的相互制约的平衡体。有了红蛾和甲壳虫的抑制，美国的艾菊十多年后又从“母老虎”变成了人人喜爱的“新嫁娘”，它们既生长于美国当地，给人以观赏和药用，又不再对其他植物造成侵害。1988 年，艾菊在美国西部地区的覆盖就减少了 60% ~ 90%，而且许多适应当地所需要的植物，如饲料草，也恢复生长了起来。

欧洲艾菊的故事蕴含的机理广泛地存在于许多生物中。研究人员发现，欧洲本地的一些植物会受到 473 种真菌和病毒（天敌）的感染、寄生，但是这些相同的植物移居到美国后却成为有害的入侵物生物。原因在于这些物种“出嫁”（移居）美国后受到同样的真菌和病毒感染比在欧洲减少了 77%。不受制衡约束的这些植物便变得强大起来，成为入侵物种。

同样，研究人员发现 26 种不同的动物，从软体动物，如普通的海螺，到较高级的哺乳动物，如黑鼠，“出嫁”（移居）到新的地方后，它们的天敌也减少到了 7 种，而在它们的土生地上，平均天敌有 16 种。没有了天敌的制约，到了移居地它们都成了“害人精”。

所以，一种生物“出嫁”到另一个地方或一个地方“迎娶”一种生物，都必须连同它的天敌（缺点）一起接受，这似乎已成为一个规律，也是生态学现在最吸引人视线的地方之一，否则生态灾难就不可避免。这个原理同样适合于我们人类的生活，比如婚姻，要连同对方的缺点一起爱；比如社会生活，需要制约、平衡和监督。

飞离地球家园的遐想

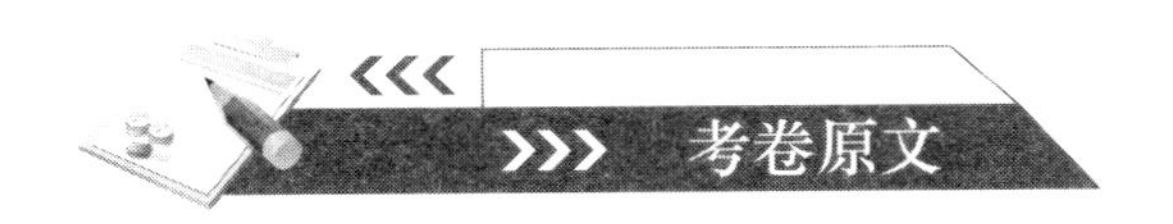

神舟六号飞船的成功发射激发了国人的自信和自豪，也使人们的想象空间膨胀扩大开来。其中两种想象最为突出：一是到太空旅游，二是离开地球家园。无论是前者还是后者，如果限于克服生理极限后的漫游以及艰巨的科学研究，是没有什么问题的，但如果要把它们当成像游览长城一样的家常便饭，或者是想象着人类可以建立太空家园，离开地球移居太空，则很可能是一种离谱的幻想。

人类迄今的探索和研究表明，地球才是人类和其他一切地球生物生息繁衍的天堂，而太空却是人类和其他地球生物的“死亡空间”。太空的险恶在于，它是一个集真空、电磁辐射、高能粒子、微重力、流星体、空间碎片为一体的空间，对地球生物来说是十分有害的恶劣环境。因此，人类想在太空或其他星球（如月球或火星）上生存，就目前条件而言困难很大。仅仅是从万里挑一选拔宇航员就可以知道，一般人是很难克服生理上的极限到太空去的，太空对人的身体和体能是巨大的挑战，更何况即使具备航天员的身体条件，也还要穿上具有特殊功能、造价昂贵的宇航服。

更为重要的是，在太空中的微重力、高真空、宇宙高能离子辐射、宇宙磁场等因素综合作用下，可以使生物的DNA链条发生断裂或重组，因而其基因组会发生易位、突变，这对正常的生命是一种极大的危害。

人类最好的天堂和最舒适的伊甸园就是我们赖以生息、繁衍的地球。尽管我们并不否认可能有外星人的存在，但是即便有外星人的话，也是他们已经在外星进化和适应了千万年或上亿年，已经适应了太空和他们那个星球的环境，正如人类用了千万年或上亿年的时间才适应了地球的生活。如果把探索太空想象成今后进入太空是家常便饭或移居太空生活，那就等于要费力去开拓人类另外的栖息地，几乎是另一种进化的从头开始，因而可能性也几乎是零。

（节选自《中国教育报》2005年11月14日第7版）

试　题

1．请在第二自然段中提取出三个关键词。

2．作者认为，人类要建立太空家园，“很可能是一种离谱的幻想”。请在文中找出四点理由（用自己的话概括）。

参考答案

1.死亡空间（答“太空”或“太空的险恶”或“恶劣环境”也可）、生存、困难。

2. ①太空中有电磁辐射、高能粒子、微重力、流星体、空间碎片等，对地球生物而言是有害的恶劣环境，就目前条件而言，人类很难生存。②要在太空生活必须要有很好的体格并需要特殊的保护。③太空中的微重力、高真空、宇宙高能离子辐射、宇宙磁场等会极大危害正常生命。④人类要适应太空环境需要千万年或上亿年的时间，几乎是另一种进化的从头开始。

地球才是人类的天堂

“神舟五号”独立载人飞上太空的意义在很多方面无论怎样高估都不为过，它不仅在科技上，而且在经济上和军事上体现了中国的进步与发展，也展示了中国人的聪明与才智，甚至可以有力证明中华民族是一个优秀的民族。

无论美国人还是俄国人，以及中国人遨游和探索太空的活动在另一些人看来却是人类挑战地球极限、征服太空的成功或开端。更有人认为人类需要在地球资源枯竭或用完之前学会在太空生存，因而要加快探索太空的步伐。说实话，如果理性地看待人类的“飞天”，要说为了科学探索、经济发展和军事利用去太空是值得提倡和肯定的话，那么为了征服太空和在太空中或其他星球上生存却可能是不足取的。因为，人类迄今的探索和研究表明，地球才是人类和其他生物生息繁衍的天堂，而太空却是人类和其他生物的“死亡之地”。

太空对于人类是一个十分危险的环境。它的危险在于太空是一个集真空、电磁辐射、高能粒子、微重力、流星体、空间碎片为一体的恶劣环境，对地球生物的生存十分有害，而且在航天飞船或航天飞机中还要加上巨大的噪声和剧烈的振动这样的负面因素。因此，人类想在太空或其他星球，如月球或火星上生存，是很难做到的。仅仅是从 1500 名飞行员中才选出了杨利伟等 14 名航天员就可以看到，如果要到太空去，对人的身体和体能是多么巨大的挑战，更何况即使具有航天员的身体条件，也还要穿上特殊的防护服、头盔、手套、靴子等。

不要说人在太空没有空气无法呼吸，就是在特殊的具有保护功能的航天飞船和航天飞机中，由于太空环境的影响也足以对人的健康造成重大的有害影响。更为重要的是，在太空中的微重力、高真空、宇宙高能离子辐射、宇宙磁场等因素综合作用下可以使生物的 DNA 链条发生断裂或重组，因而其基因组会发生易位、突变，这对正常的生命是一种极大的危害。

人们在太空受到的健康损害主要有辐射和因微重力环境的失重而造成的肌肉和骨骼的萎缩。在太空中的辐射主要有 X 射线、γ 射线、宇宙射线和高速太阳粒子。前两者已被大量的事实证明是致人患癌和其他疾病的重要元凶，而后两者还没有研究结果证明它们对人的危害有多大。而宇宙射线是由低原子的氢到重原子的铀的离子组成，是一些高能粒子。在地上的粒子加速器上的实验表明动物吸收高剂量的粒子会造成神经脑组织损伤和癌症等疾病。不过上述所有射线的辐射对人造成伤害有 10 ~ 15 年的潜伏期。

另外由于失重，还可以造成内耳平衡器的失常，加上骨关节不能感受到重力造成的压力，但眼睛仍能看到头上的天空，便会有晕船感。久之，可造成前庭 - 视觉反射的损害，长时间都不能把眼光集中到目标上。

太空的恶劣环境当然并不意味着人类应当停止探索太空。探索太空是为了理智地了解它并寄希望于用这些研究成果来造福于尘世的人类。比如，太空育种、材料科学、通信、军事工程、生物制药、蛋白质产品、临床医学、对生命现象和生理功能的认识等等。

正如人的眼睛总是盯着远处，总是希望到远方去，因为熟悉的地方没有风景。这与人并不珍惜自己已经到手的东西却分外羡慕尚未到手的东西一样，反映在科研上便是对最近的自身内在的东西探索不够，而对非自身的外在的事物充满了探索的愿望与动力。当然这没有什么不好，但是需要牢记的是，对身边的东西比如我们的家园——地球如果不珍惜，而是在耗尽它的资源后再逃离到太空，这似乎是不可取也办不到的，同样不足以成为探索太空的最终目的与充分的动力。

迄今的探索和研究所得的结论表明，世界上并不存在比地球更适合于人类居住的天堂，在世界上人类最好的天堂和最舒适的伊甸园就是我们所有人赖于生息、繁衍和存身的地球。尽管我们并不否认可能有外星人的存在，但是如果有外星人的话，那是他们已经在外星进化和适应了千万年或上亿年，已经适应了太空和他们那个星球的环境，正如人类用了千万年或上亿年的时间才适应了地球的生活。如果把探索太空想象成今后到太空生活，那就等于要费力去开拓人类另外的栖息地，几乎等于是另一种进化的从头开始，因而可能性也几乎是零。

人类的航天和对太空的探索只能告诉我们：人类的飞天不是为了征服太空和移居太空，而是为了让地球上的人类生活得更幸福。对于我们唯一的家园——地球，只有珍惜它爱护它保护它，并节约它的资源，把它建设成更适宜人类居住的地方，我们才会拥有现实的而非想象的天堂，并能健康长寿。但如果我们随意对待它、榨取它、挥霍它、虐待它、糟践它，就是自己在毁灭自己的天堂。

谁来为最大的恐怖主义埋单

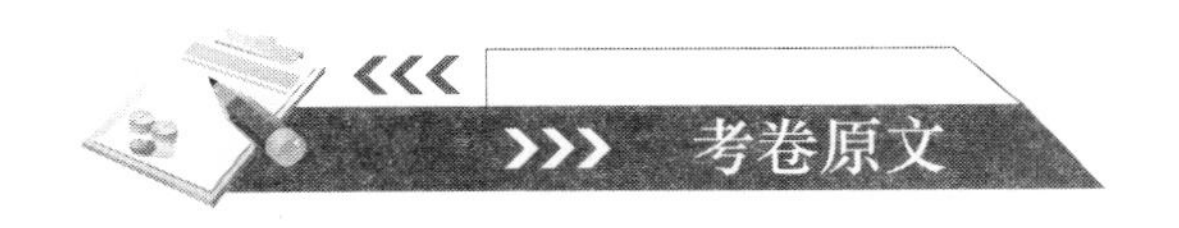

① 2004 年 12 月 26 日印度尼西亚苏门答腊岛附近海域强烈地震引发海啸造成了各国 15 万多人的死亡。也许随着时间的推移和救援工作的展开，这次灾难的死伤人数还会上升，财物受损还会扩大。这场灾难再次验证了一句名言，自然才是最大的和终极的恐怖主义。

② 从表面上看，这次的地震和海啸好像是与人类无关，但细细考察和分析，席卷东南亚、南亚沿海的印尼、斯里兰卡、泰国、马尔代夫、马来西亚、印度等国家的大灾难背后不乏人祸的因素，而且这是大自然在借这种威力向人类发出又一次强烈的警告。

③ 人类对这次大灾难年要负的责任是助纣为虐，因为全球变暖导致的海平面升高、海水污染、珊瑚礁损害等都造成了沿海生态的脆弱，沿岸居民抗灾防灾能力的减弱。海啸、海浪、风暴和台风等自然的威力在脆弱的生态和人类面前比以往要强大得多，其肆虐、逞凶和毁灭人类的程度也要比过去巨大得多。

④ 人类生活、工业生产所使用的石油及其他燃料和能源排放到大气和自然中的结果是使全球变暖，全球变暖的结果是使海平面升高。大量的科学研究证明，20世纪全球海平面已平均上升了10～20厘米，联合国政府间气候变化委员会最新的报告指出，按目前全球各个国家对石化等能源的使用情况推算，到2100年，海平面还要上涨9～88厘米。

⑤ 海平面上升的结果必然使沿海国家更容易遭受海啸、海浪、风暴和台风等的破坏，从沿居民的住宅、交通和基础设施到农田、工厂企业，从本地居民到旅游者，无一不受到危害。更为可怕的是，海平面升高的危害不只是地震海啸，而是将要淹没马尔代夫这样的国家。同样，这种家园和栖息地被淹没的危险还直逼有1700万人口的孟加拉国，那里的居民只生活在高出海平面约一米的陆地。即使海水还不至于淹没那里人们的家园，但逐渐升高的海平面也必然污染他们的淡水系统，使他们的生存面临威胁。

⑥ 那么，谁应为这次的自然恐怖主义负责？消耗了全球最多能源的美国，二氧化碳排放量也占世界第一，为全球排放总量的1/4，但是，却死活不肯签署“京都议定书”，理由是会束缚美国经济的发展，影响美国经济竞争力。由此可见，人类既是大自然恐怖主义的帮凶，又在不同的经济实力下遭受不等量的损害与生命和健康损失，同时还要不平等地为大自然恐怖主义的后果付出不同的买单费。

⑦ 如果每个人、每个国家都为自己所居住的这块栖息地负起责任，在面对大自然这个最大的恐怖主义时，人类才有能力应对它，当然最好的结局是人类减少自己的助纣为虐行为，避免“恐怖主义”的产生和出现。

（摘自2005年3月28日《语文报》）

试 题

1. 第三段说“人类对这次大灾难所要负的责任是助纣为虐”。简要概括“大灾难”和“助纣为虐”分别指的是什么?

2. 第四段划线的句子用到了什么说明方法? 有何作用?

3. “按目前全球各个国家对石化等能源的使用情况推算”一句为什么不能去掉?

4. 阅读第五段，说说海平面上升会造成哪些危害?

5. 结合全文说说为什么“自然才是最大的和终极的恐怖主义”? 你同意这种说法吗? 为什么?

参 考 答 案

1. 苏门答腊岛附近海湾发生强烈地震与海啸造成15万人伤亡。人类生活、工业生产使全球变暖，导致海湾生态脆弱，沿岸抗灾防灾能力减弱。

2. 列数据。具体说明全球变暖造成的海平面上升的严重程度。

3. 不能去掉，因为它表明了后面结论得出的前提，使说明的语言更精确。

4. ①沿海国家更容易遭受海啸、海浪、风暴和台风等的破坏。②将要淹没马尔代夫这样的国家。③逐渐升高的海平面必然污染海平面以上的淡水系统，威胁人们的生存。

5. 示例：我同意，因为随着人类对自然资源的不合理利用，自然生态遭到了严重的破坏，自然对人类的报复必将超出人们的抵御能力，最终将招致毁灭性的后果，所以说“自然才是最大的和终极的恐怖主义”（回答不同意也可，但需说明理由）。

谁来为最大的恐怖主义埋单?

年末的一场世界大灾难突然来临，印度尼西亚苏门答腊岛附近海域26日强烈地震引发海啸造成了各国约12.5万人的死亡，而且预计将有四五十万人遇难。

也许随着时间的推移和救援工作的展开，这次灾难的死伤人数还会上升，财物受损还会扩大。于是，这场灾难再次验证了一个几乎人尽皆知的名言，自然才是最大的和终极的恐怖主义。当然，大自然这个恐怖主义包括各种天灾，如这次的地震、海啸，也有瘟疫和疾病，如历史上的鼠疫、流感。

然而，是不是只能把不幸和灾难仅仅归咎于大自然的恐怖威力或天灾本身，而没有一点人祸的责任呢？从表面上看，这次的地震和海啸好像是与人类无关，但细细考察和分析，席卷东南亚和南亚沿海的印尼、斯里兰卡、泰国、马尔代夫、马来西亚、印度等国家的大灾难背后不乏人祸的因素，而且是大自然在借这种威力向人类发出又一次强烈的警告。

人类对这次大灾难所要负的责任是助纣为虐，因为全球变暖导致的海平面升高、海水污染、珊瑚礁损害等都造成了沿海生态的脆弱，沿岸居民抗灾防灾能力的减弱。海啸、海浪、风暴和台风等自然的威力在脆弱的生态和人类面前比以往要强大得多，其肆虐、逞凶和毁灭人类的程度也要比过去巨大得多。

仅以海平面升高而言，人类也助长了这次灾难。人类生活、工业生产所使用的石油及其他燃料和能源排放到大气和自然中的结果是使全球变暖，全球变暖的结果是使海平面升高。大量的科学研究证明，20世纪全球海平面已平均上升了10～20厘米。联合国政府间气候变化委员会最新的报告指出，按目前全球各个国家对石化等能源的使用情况推算，到2100年，海平面还要上涨9～88厘米。

海平面上升的结果必然使沿海国家更容易遭受海啸、海浪、风暴和台风等的破坏，从沿海居民的住宅、交通和基础设施到农田、工厂企业，从本地居民到旅游者，无一不受到危害，这次的地震海啸灾难就是一个有力证明。更为可怕的是，海平面升高的危害不只是地震海啸，而是将要淹没马尔代夫这样的国家。同样，这种家园和栖息地被淹没的危险还直逼有1700万人口的孟加拉国，那里的居民只生活在高出海平面约一米的陆地。即使海水还不至于淹没那里人们的家园，但逐渐升高的海平面也必然污染他们的淡水系统，使他们的生存面临威胁。

虽然人类可以救灾和自救以保护自己，但让人担心的是，发展中国家与发达国家不一样的经济实力会导致灾难伤害前者更为深重。比如，发达国家可以像荷兰那样筑起高高的堤坝防洪防海啸，但是，对于发展中国家，如马尔代夫、孟加拉国、斯里兰卡等，却无法具备荷兰那样的经济实力来筑堤防害。因为，在自然恐怖主义面前，一个基本的事实是，贫困与脆弱的防灾能力基本上是难兄难弟。

那么，谁应为这次的自然恐怖主义负责？也许有人会说沿海遭受灾难的这些国家所消费和生产使用的石油、能源也应当对此负责，但真正使用能源最多的国家却负有更大的责任。但现实的情况是，二氧化碳排放量最大的国家却不必为此埋单，相反还在进一步加剧全球的温室效应。

比如，消耗了全球最多能源的美国，二氧化碳排放量也占世界第一，为全球排放总量的1/4，但是，却死活不肯签署《京都议定书》，理由是会束缚美国经济的发展，影响美国经济竞争力。由此可见，人类既是大自然恐怖主义的帮凶，又在不同的经济实力下遭受不等量的损害与生命和健康损失，同时还要不平等地为大自然恐怖主义的后果付出不同的埋单费。

然而，如果每个人、每个国家都为自己所居住的这块栖息地负起责任，就正如联合国环境规划署执行主任克劳斯·特普费尔苦口婆心地所说的一样，《京都议定书》不是经济灾难的祸根，从长期趋势来看，它产生的繁荣和经济节约将远胜于经济自杀。这样，在面对大自然这个最大的恐怖主义时，人类才有能力应对它，当然最好的结局是人类减少自己的助纣为虐行为，避免它的产生和出现。

台风

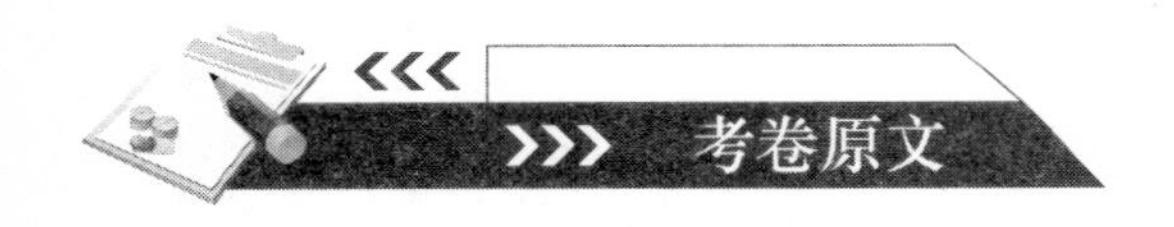

① 台风、飓风形成于热带海面上，与气候转暖关系重大。在夏季，南半球的东南信风越过赤道，转成西南季风进入北半球。西南季风与北半球原有的东北信风相遇，挤迫空气上升，增加对流，造成波动和旋涡。后者再与原先就有的对流作用结合和放大，使已经成为低 气压的空气旋涡继续加深。这样，低气压旋涡四周的空气加快向旋涡中心流入，流入越快，风速就越大。当这些风抵达地面的速度达到或超过17.2米/秒时，就称为台风、飓风。

② 台风、飓风都发生在夏季和初秋，过了秋季，太阳直射部分往南移，南半球的东南信风不能侵入北半球，形成台风的机会较少。

③ 发展成熟的台风圆形涡旋半径一般为50～100千米。高度可达15～20千米，由外围区、最大风速区和台风眼三部分组成。外围区的风速从外向内增加，有螺旋状云带和阵性降水。最强烈的降水产生在最大风速区，平均宽8～19千米，它与台风眼之间有环形云墙。

④ 台风的____主要表现在三个方面。一是大风。台风中心附近最大风力一般为8级以上。二是暴雨。台风经过的地区一般能产生降雨150～300毫米，甚至能产生1000毫米以上的特大暴雨。三是风暴潮。台风一般能使沿岸海水产生增水，江苏省沿海最大增水可达3m。它们都可能给人们造成巨大的灾难。

⑤ 我国台风的________________：一是西进型：台风从菲律宾以东一直向西移动，经过南海最后在中国海南岛或越南北部地区登陆。二是登陆型：台风向西北方向移动，穿过台湾海峡，在中国广东、福建、浙江沿海登陆，并逐渐减弱为低气压。这类台风对中国的影响最大，2004年的云娜、艾利和2005年的麦莰，都属此类型。三是抛物线型：台风先向西北方向移动，当接近中国东部沿海地区时，不登陆而转向东北，向日本附近转去，路径呈抛物线形状。

（摘自《记者观察》2004年10期，原文标题：台风，台风！）

试 题

1. 根据第①②段文字的内容，说说形成台风的首要条件是什么。

2. 试简洁概括第③段文字的内容（不超过12个字）。

3. 从第④段中找出两个词，以表明文中用词很有分寸感。

4. 理解第④段的内容，在段中的横线上填进一个词。

5. 根据文段的内容，在第⑤段中的横线上填入一个短语。

6. 研读全文，概括说明“低气压”与“台风”之间的关系。

参考答案

1. 形成台风的首要条件是南半球的东南信风进入北半球。（或与此相近的表述）

2. 成熟的台风的主要特征（或特点、性质）

3. 主要、一般（或“可能”）

4. 危害

5. 路径大致可分为三类（或“类型主要有三种”或与此相近的表达）

6. 低气压在一定的条件下会发展成为台风，台风登陆后会逐渐减弱为低气压。（或与此相近的表述）

作者原文

飓风台风一回事

热带海洋上的猛烈风暴

2005年8月29日飓风卡特里娜携暴风骤雨登陆美国南部海岸，重创美国墨西哥湾三大州，造成数百人死亡。防灾和保险公司专家预测，保险公司将支付260亿美元赔偿飓风造成的损失。这一评估使得卡特里娜成为美国历史上“身价最高”的风暴。

如果人们还未淡忘的话，就在同一个月的9至10日，台风麦莎登陆中国，对江苏造成的直接经济损失达12亿元。由于气象部门预报麦莎登陆北京不太准确(麦莎延迟一天到达，并且风暴和雨量都较小)还引起指责、批评和争论，说是“全世界都在看北京的笑话”。紧接着，2005年第13号台风泰利(TALIM)于8月31日早晨5点钟到达我国台湾省台北市东南偏东方向大约530千米的洋面上，然后逐渐向福建晋江到浙江温州一带沿海靠近。据估计，泰利的影响可能大于麦莎。台湾大部、浙江东部沿海、福建东部沿海将有大到暴雨，其中台湾的部分地区有大暴雨或特大暴雨。

那么，飓风和台风是什么关系呢？其实，它们是同一件事，被不同地区和国家的人取了不同的名字。发生在北太平洋西部及中国南海者称为台风(Typhoon)，发生在大西洋西部、加勒比海、墨西哥湾和北太平洋东部等地区称为飓风(Hurricane)，而在印度洋、孟加拉湾及阿拉伯海发生的叫旋风(Cyclone)。

不管怎样，台风在气象学里指的是一种剧烈的气旋，也即是发生在热带海洋上的一种非常猛烈的风暴。

发生的原因

尽管今天人类对台风发生的真正原因还不完全清楚，但有一些看法是可以基本认定的。台风的产生首先要有热度，然后要有水，以及对流，才能慢慢形成台风。其形成的过程是，在热带海面上，海面受太阳直射，海水温度升高，于是海水可以蒸发成水汽悬浮于空中。这就形成了热带海面的上空的气流特点：空气温度高，湿度大。这种空气由于温度高而发生膨胀，导致密度减小质量减轻。而热带海面尤其是赤道附近风力微弱，空气容易上升，就产生了空气的对流。在对流中，周围的较冷空气可以随时流入加以补充，然后再上升，造成一种没有止境的循环。到最后，形成温度高、重量较轻、密度较小的空气旋涡或气柱，也就形成了气象学上所说的热带低压。

空气的流动如同水流一样，总是从高气压流向低气压。四周的高气压必然要向已经形成的低气压处流动，这就形成了风。在夏季，太阳直射区域从赤道向北转移，使得南半球的东南信风越过赤道转向成西南季风进入北半球。西南季风与原来的北半球的东北信风相遇，挤迫空气上升，增加了对流。同时，西南季风和东北信风方向不同，两者相遇常常造成波动和旋涡。后者再与原先就有的对流作用结合和放大，使已经成为低气压的空气旋涡继续加深。这样，低气压旋涡四周的空气加快向旋涡中心流入，流入越快，风速就越大。当这些风抵达地面的速度达到或超过 17.2 米 / 秒时，就称为台风。

另一种假说大同小异。夏季太阳直射持续高温的海洋，大面积的洋面上的水分大量蒸发。不断蒸发的水分将逐渐排斥空气中的其他气体成分，使空气的湿度急剧增加。当降温或水蒸气自动凝结促使高湿度的空气的水分凝聚时，空气的压强会急剧下降，造成了相对于周围空间的大气负压，这种负压一旦形成，周围的空气就会立刻补充进来。由于负压往往是从低温度的高空开始形成的，因而也就形成了自下而上且周围向中心旋转的空气大旋涡，这就是台风眼。所以台风的成因是空气的负压，而负压来自于水蒸气的凝结，水蒸气又来自夏日太阳的连续直射所产生的高温。

由于台风是风速很大的风暴，并夹杂暴雨，不仅能掀翻房屋、车辆、公共设施，而且暴风雨还可以造成泥石流，淹没人员、牲畜、庄稼等，对人们的生命和健康，对社会财富造成极大的毁坏，上述卡特里娜、麦莎就是如此。

台风的分类与走向

从上述台风发生的原因分析不难解释一种现象，为什么台风都发生在夏季和初秋，因为这时太阳温度高，可以直射洋面，造成水蒸气的上升。过了秋季，太阳直射部分往南移，南半球的东南信风不能侵入北半球，能形成台风的机会较少，所以在北半球台风多发生在7、8、9三个月，12月至翌年4月间则极少发生。

台风是按热带气旋中心附近最大风力的大小进行分级的。过去我国气象部门将8级至11级风称为台风，12级和12级以上的风称为强台风。1989年1月1日起，我国采用国际统一分级方法，近中心最大风力6～7级者称热带低压，近中心最大风力在8级～9级时称为热带风暴，近中心最大风力在10级～11级时称为强热带风暴，近中心最大风力在12级或12级以上时称为台风。但为了叙述方便，有时一般都统称为台风。

台风路径大致可分为三类：一是西进型，台风从菲律宾以东一直向西移动，经过南海最后在中国海南岛或越南北部地区登陆。二是登陆型，台风向西北方向移动，穿过台湾海峡，在中国广东、福建、浙江沿海登陆，并逐渐减弱为低气压。这类台风对中国的影响最大。2004年的云娜、艾利和2005年的麦莎，都属此类型。三是抛物线型：台风先向西北方向移动，当接近中国东部沿海地区时，不登陆而转向东北，向日本附近转去，路径呈抛物线形状。

这里要特别提到的是在我国登陆的台风，一般每年有6至7个，最多年份达40个，最少的3个，主要集中在5～10月。一年之中，台风登陆的地点和移动路线呈现有规律的北上和南撤。5月份多在广东汕头以南沿海登陆，而后西行消失。6月份多在浙江温州至广东汕头一带登陆。7月份自华南到黄河下游都有其足迹。闽浙一带是台风的主要通道。台风有时也涉足江淮流域。8月份台风登陆最多（2004年云娜和艾利就是在8月份登陆的，2005年麦莎也是在8月登陆的），影响范围北可到东北黑龙江，西可达中原腹地。9月份台风主要活动在长江下游及其以南地区。10月份台风已成强弩之末，较少登陆。

台风形成后，一般会离开发源地并经过发展、减弱和消亡过程。一个发展成熟的台风，圆形涡旋半径一般为500～1000千米，高度可达15～20千米，台风由外围区、最大风速区和台风眼三部分组成。外围区的风速从外向内增加，有螺旋状云带和阵性降水。最强烈的降水产生在最大风速区，平均宽8～19千米，它与台风眼之间有环形云墙。

台风的危害性主要表现在三个方面，一是大风。台风中心附近最大风力一般为8级以上。二是暴雨。台风是最强的暴雨天气系统之一，在台风经过的地区，一般能产生150～300毫米降雨，少数台风能产生1000毫米以上的特大暴雨。比如，1975年第3号台风在淮河上游产生的特大暴雨，创造了中国大陆地区暴雨极值，形成了河南“75·8”大洪水。三是风暴潮。一般台风能使沿岸海水产生增水，江苏省沿海最大增水可达3米。比如，2004年的“9608”和“9711”号台风增水，使江苏省沿江沿海出现超历史的高潮位。

如何减轻台风的负面作用?

虽然台风也有一些好的作用，但现在看来其负面作用是巨大的，这就要求我们把台风的损害减少到最低，因为人类目前还无法抗御这种大自然的风暴。减轻台风灾难的基本方式只能是早预测，早防备。

风起于青萍之末，必然有其蛛丝马迹。现在得力于气象卫星，人类能将绝大多数台风的行踪观察得比较清楚。1960年4月1日美国发射了第一颗气象卫星，迄今太空中已有上百颗气象卫星在运转。由于气象卫星的全方位观察能力，全球各大洋上发生的台风尽管其登陆点和行走方向还不能100%地预报，但其基本行踪都能得到事先预报。

另一方面，科研人员还可以利用更新的气象设备，采取主动的“追风”行动去观测台风的形成和走向，以求把台风影响降到最低。

但是，今天我们的气象预报尤其是对台风的监测在很多方面还是不太准确的，比如在台风登陆的具体位置上。2005年8月10日麦莎比预报晚到十几个小时且并没有那么强的风暴和雨量，北京市气象台台长郭虎坦言，缺乏台风预报经验是预报不准的原因之一。北京市历史上也受过台风的影响，但仍然是十几年少见，经验确实积累不够。而且，台风移动路径很怪，很难预报。北京市气象台天气预报室主任廖晓农解释说，处在麦莎西北方向的强高压有力地阻挡了它的北进，但这股高气压为什么会盘踞在那里，势力为什么这么强劲，确实是气象台目前无法解释的。

台风预报的不准与目前的观测、研究手段有关。以高空气象观测为例，每个观测器的费用都要上百元。此类观测是每天用氢气球挂一个观测器升上高空，对高空的气象情况进行资料收集和分析，这个观测器基本上是一次性的。而国外在飓风、台风等气象灾害发生时，进行的高空观测都是动用飞机实时监测其移动、路径和强度，这种投入是我国目前还不能相比的。

当然，无论是2004年还是2005年，由于有了事先的预报和心理准备，浙江、江苏等地的救灾工作还是比较顺利的。

2004年和2005年台风登陆预报的不准确也表明，人类要完全避免台风的危害还需要长期的探索与实践。

小心，食人鱼等外来物种“入侵”

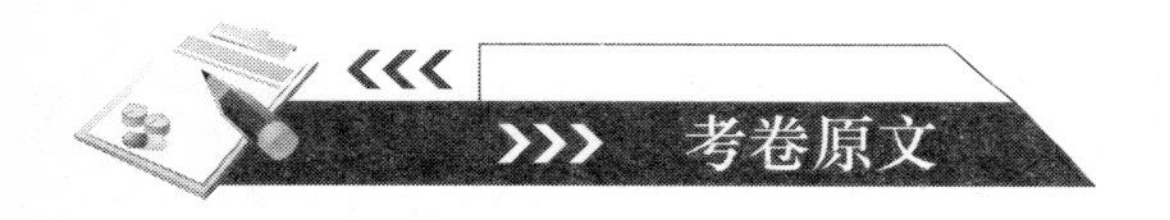

① 2012 年 7 月 7 日下午，广西柳州市民张先生在柳江边给小狗洗澡，突遭三条凶猛的鱼攻击，其中一条咬伤其手但被抓获。近日，柳州官方发动市民沿江垂钓，而且承诺抓到食人鱼者每条奖励 1000 元。

② 在被咬后围捕食人鱼，有点亡羊补牢的意味，但还是有些晚了，而且如果不能完全捕获食人鱼，它们就有可能再次伤人并酿成更严重的生态灾害。

③ 食人鱼当初是作为热带观赏鱼而引进的，此次在柳江中伤人的食人鱼，很可能是市民将饲养的观赏鱼放流到柳江所致。因观赏而引进的外来物种成为“杀手”，此类生态灾难过去并不鲜见，如今已引起专业人员的深入研究，其中一条共识是，任何地方无论以什么理由引进何种外来物种，都应进行前期的科学评估。

④ 2000 年 2 月在瑞士通过的《防止因生物入侵而造成的生物多样性损失》概括了生物入侵的原因和防止生物入侵的理由。几万年来，海洋、山脉、

河流和沙漠，为珍稀物种和生态系统的演变提供了隔离性的天然屏障。近几百年来，许多物种远涉重洋到达新的栖息地，开始成为外来入侵物种。一些物种，无论是动物还是植物，移居到引进地后，会由于当地天敌的减少和制衡因素的消失，而成为环境和生态杀手，这几乎是全球现象。

⑤ 加利福尼亚大学巴巴拉分校的专家托钦等人，研究了26种不同动物移居到新地方的情况，发现它们移居前的平均天敌有16种，移居后减少到7种。由于缺少天敌制约，它们都成了移入地的害虫。

⑥ 因观赏而引进中国的食人鱼，很可能就是引进后失去了太多制衡者或天敌，因而成为“杀手”，抑或在原居地的“杀手”效应并不强。你的美食可能就是他人的毒药，中国的大闸蟹被引进到英国之后，由于所受制衡极少，逐渐大量繁殖，它们喜欢在河岸挖洞居住，而且以一些在英国受保护的动物为食，危及当地物种的正常生长，对河岸环境与自然生态构成威胁。2006年2月，英国当局宣布大闸蟹为“入侵物种”，动员人力和技术将其赶尽杀绝。

⑦ 如今，科学界和法学界专业人员都认为，应立法管理和控制外来物种的引进，对任何外来物种的引进，都应当提前进行科学评估。美国研究人员提出了一种模型，以评估向五大湖区引入多种鱼类所带来的风险，其准确率达94%。这是值得借鉴的一种科学评估方式。

⑧ 另外，当下中国涉及外来物种入侵的专门法律，只有2010年才通过的《湖南省外来物种管理条例（草案）》，全国性的《外来入侵生物防治条例》和《全国外来入侵生物防治规划》，仍在着手起草、修改和论证之中。

因此，加快立法并颁布实施，是防止诸如食人鱼一类的物种入侵的有力保障。

（摘自《中国青年报》2012年7月13日）

试 题

1. 选文标题拟写好在哪里？

   答：

2. 第④段加点词语“几乎”一词可否删去？为什么？

   答：

3. 第⑤段中画线句运用了什么说明方法？有什么作用？

   答：

4. 从文中看，“防止生物入侵”的理由有哪些？

   答：

5. 我国在应对外来物种入侵方面还有哪些漏洞？

   答：

参考答案

1.【解析】本题考查对标题的理解。可以从句式特点上分析标题的作用。

答案：标题以祈使句的形式，提醒人们关注外来物种入侵问题，有效地激发了读者的阅读兴趣。

2.【解析】此题考查对说明文语言准确性的理解。解答此种类型的题目可按三个步骤进行：①回答“能”或“不能”；②写出要删去词语的意思；③联系原文分析删去词语之后句子意思的改变。

答案：不能删去。用“几乎”表示物种移居到引进地后成为环境和生态杀手的这一现象在全球虽然很普遍，但并不排除例外；去掉就成了“全球皆如此”的意思，这与事实不符，体现了说明文语言的准确性。

3.【解析】此题考查对说明方法及作用的把握。从常用说明方法中判断出文中运用的说明方法，结合语句内容分析说明方法的作用。

答案：做比较、列数字。通过被研究的动物移居前后平均天敌数量的比较，解释了这些动物成为移入地害虫的原因。

4.【解析】本题考查对有效信息的筛选能力。从第④段中筛选出“一些物种，无论是动物还是植物，移居到引进地后，会由于当地天敌的减少和制衡因素的消失，而成为环境和生态杀手”一句作答即可。

答案：物种移居后，由于天敌的减少和制衡因素的消失而大量繁殖，危及当地物种的正常生长，对当地环境与自然生态构成威胁。

5.【解析】本题考查对内容的概括。结合全文内容，从最后两段中“应立法管理和控制外来物种的引进，对任何外来物种的引进，都应当提前进行科学评估”“加快立法并颁布实施，是防止诸如食人鱼一类的物种入侵的有力保障”等关键语句进行概括。

答案：对引进外来物种的可行性缺乏科学的评估方式；涉及外来物种入侵的专门法律尚不健全。

科学把关前置，食人鱼还会咬人吗?

7月7日下午，柳州市民张先生在柳江河边给小狗洗澡时，突然遭到三条凶猛鱼类攻击，其中一条咬伤其手掌并被抓获。近日，广西柳州市为围剿柳江河中伤人的食人鱼，官方发动市民沿江垂钓，并承诺抓到食人鱼者每条奖励一千元人民币。

食人鱼咬人后进行围捕，虽然是类似亡羊补牢的一种积极行动，但还是有些晚了，而且，付出的代价会非常之大。这种代价当然体现在，如果不能完全捕获食人鱼，它们就有可能再次伤人、吃人并成为生态之害，造成的经济损失甚至难以估量。

食人鱼当初是作为热带观赏鱼引进中国的，据推测，此次在柳江中伤人的食人鱼可能是市民将饲养的观赏鱼放流到柳江河所致。因观赏引进的外来物种成为杀手是普通人根本想不到的事，但是，这种情况在过去造成不少生态灾难，在今天已经引起专业人员的广泛注意和深入研究，其中得出的一条共识是，任何地方无论以什么理由引进何种外来物种，都应当进行科学评估，就如同其他事物的科学听证一样。

外来物种成为移居地的杀手正应验了一个屡屡证实的道理，他人的佳肴或许是你的毒药。2000年2月在瑞士通过的《防止因生物入侵而造成的生物多样性损失》概括了生物入侵的原因和防止生物入侵的理由。千万年来，海洋、山脉、河流和沙漠为珍稀物种和生态系统的演变提供了隔离性天然屏障。在近几百年间，这些屏障受到全球变化的影响已变得无效，许多物种远涉重洋到达新的环境和栖息地，并成为外来入侵物种。

然而，对美味变毒药式的生物入侵机理进行深入揭示的，是今天的大量研究。研究发现，一些物种，无论是动物还是植物，移居到引进地后会由于当地天敌的减少和制衡因素的消失而成为环境和生态杀手，这几乎是一个全球现象。

美国康奈尔大学生态和进化生物系的米切尔与鲍尔的研究表明，在欧洲土生地上一些植物会受到 473 种真菌和病毒，即天敌的感染（寄生），使它们的生长和繁衍受到相当多的限制。但是，这些植物移居到美国后却成为有害的入侵生物。原因在于这些物种移居美国后受到同样的真菌和病毒感染比欧洲减少了 77%。没有其他生物制衡约束的这些植物便变得强大起来，从而成为入侵物种。

同样，美国加利福尼亚大学巴巴拉分校海洋科学研究所以及生态、进化和海洋生物系的托钦等人研究了 26 种不同的动物移居到新地方的情况，从软体动物，如普通的海螺，到较高级的哺乳动物，如黑鼠。结果发现，在原来的土生地上，它们的平均天敌有 16 种，但是到了新的移居地，它们的天敌就减少到了 7 种。由于缺少天敌的制约，它们都成了新地方的害虫。

由于观赏而引进中国的食人鱼大约就是在中国的土地失去了太多的制衡者或天敌而成为伤人的杀手，抑或是在原住地的杀手效应并不大，但在移居地的中国由于缺少制衡，其杀手效应增强了。与此相似，“你的美食或可是他人的毒药”也应验到中国人的美味——大闸蟹身上。大闸蟹引进英国之后，由于受到的制衡极少，慢慢成了环境杀手。2006 年 2 月，英国当局宣布大闸蟹是“入侵物种”，要动员人力和技术将其赶尽杀绝，因为它们在英国大量繁殖，喜欢在河岸挖洞居住，并以一些在英国受保护的动物为食物，危及到英国当地物种的正常生长，对河岸环境和自然生态构成威胁。

今天，科学界和法学界的专业人员都认为，应当立法管理和控制外来物种的引进，其中的一条是，对任何外来种引进都首先要进行科学评估。现在，美国研究人员提出了一种模型，以评估向五大湖区引入多种鱼类而带来的风险。评估模型的依据是，从文献中收集的一些生物的生活史特征，如繁殖成功率、该种生物和该属其他成员过去的入侵情况，另外，还把生物入侵过程分解成几个阶段来评估，包括引入、定居和扩散。这样的模型预测生物入侵的准确率达到了94%。这显然是值得借鉴的一种科学评估方式。

另一方面，现在中国涉及外来物种入侵的专门法律只有《湖南省外来物种管理条例（草案）》，于2010年通过。但全国性《外来入侵生物防治条例》和《全国外来入侵生物防治规划》正在着手起草、修改和论证之中。因此，加快立法的过程并颁布实施是防止诸如食人鱼一类的物种入侵的有力保证。

第Ⅱ部分

健康与生活

本章的7篇文章（试题）全部是关于健康、生命、公共卫生、行为方式以及特定疾病的内容。中、高考以及其他考试关注这些内容说明考试内容视野的扩大，也说明现代人更关注健康和科学的行为方式。

阅读这些文章（试卷）不仅对考试积累经验，也让读者获得指导生活和有益健康的新的知识。

细胞内的物流

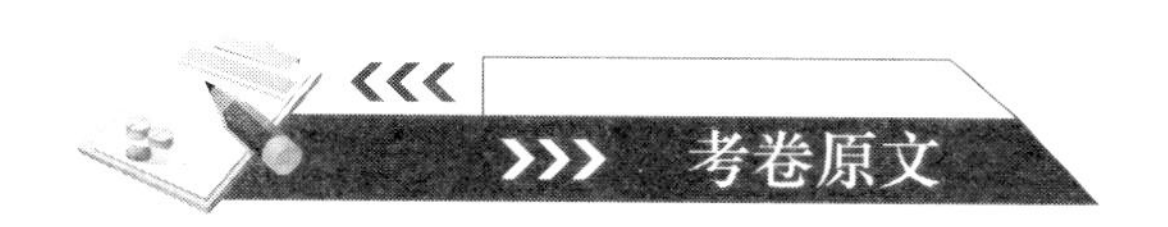

人体内有无数各种各样的细胞，尽管它们非常微小，却如同人类社会生活中的无数个企业或组织，会生产很多物质和产品，例如粮食加工厂生产的粮食。但粮食要运送到每个单位和家庭，则需要物流的配送。生物体的细胞也是如此。细胞可以生产很多蛋白质和化学物质（神经递质），并且要把它们输送到生物体所需要的地方。例如，胰岛细胞生产胰岛素，把胰岛素运送并释放到血液中。因此，细胞内也存在频繁而巨大的物流现象。

现代物流是指物品从供应地向接受地的实体流动过程中，根据实际需要，将运输、储存、装卸、搬运、包装等功能有机结合起来，从而实现用户要求的过程。细胞内生产和加工物质后配送到机体所需要的地方的过程也大致能满足现代物流的这些条件，因此可以称为细胞内的物流。

细胞内的物流甚至比现实生活中的物流更为复杂、精准并且具有自我调控的能力，因为细胞产生的分子，如激素、神经递质、细胞因子和酶等物质有的要被运输到细胞内的其他地方，有的则要被转运出 细胞。这就要求细胞生产的所有物质都要在正确的时刻被输送至正确的地点。

2013年获诺贝尔生理学或医学奖的三位科学家都发现，细胞内的物质不是散装运输的，而是要包裹起来，正如人们寄包裹时需要打包一样。细胞生产的所有物质都是以小包，即细胞囊泡的形式传递的， 而且囊泡需要在正确的时间被输送至正确地点。

囊泡是由膜包裹的微型小泡，能够带着细胞货物穿梭于细胞器间，也能够与细胞膜融合，将货物释放到细胞外部。囊泡转运系统对于神经激活过程中神经递质的释放、代谢调节过程中激素的释放等都非常重要。如果没有囊泡转运系统，或该系统受到干扰，就不仅不能维持正常的生理机能，而且会对有机体有害，如导致神经系统疾病、免疫系统疾病和糖尿病等。

（摘编自2013年10月16日《文汇报》）

试 题

1. 下列对“细胞内的物流”理解正确的一项是

   A. 细胞内的物流是指把细胞内生产的蛋白质和化学物质运送到生物体所需要的其他细胞里。

   B. 细胞内的物流能够自我调控，细胞内生产的物质一旦被运到错误地点，就会被及时调整。

   C. 细胞内的物流必须畅通无阻，否则，就会破坏细胞正常的生理机能，甚至可能损害有机体。

   D. 细胞内的物流并没有完全满足现代物流的所有条件，但是它比现实生活中的物流更加复杂。

2. 下列说法不符合原文意思的一项是

A. 胰岛细胞生产胰岛素，囊泡把胰岛素包裹起来，携带它进入到血液之中。

B. 囊泡以与膜融合的方式运送物质表明，蛋白质可以在细胞之间进行传递。

C. 囊泡释放涉及囊泡和细胞膜的融合，此融合过程是神经递质释放的重要步骤。

D. 人类患神经系统疾病、免疫系统疾病的原因之一是囊泡转运系统受到了干扰。

3. 请用一句话概括细胞内囊泡的运输机制。

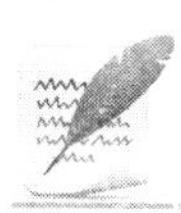

参考答案

1. D（A. 文中说“有的要被运输到细胞内的其他地方，有的则要被转运出细胞”，可见并非全都“运输到其他细胞里”。B. 文中“自我调控”是指“要求细胞内生产的物质在正确的时间被运输到正确的地点”，而不是“运到错误地点，就会被及时调整”。C.“会对有机体有害”强调的是“必然”，而非“可能”）

2. A（“释放”是把所含的物质放出来。囊泡融合在细胞膜里并没有“进入”血液，只是把胰岛素释放到血液中）

3. 囊泡把细胞生产的物质包裹（或“打包”）并在正确的时间把它们送到细胞内的各个地方或释放到细胞外。

2013年诺贝尔生理学或医学奖：细胞内的物质运输

斯德哥尔摩时间10月7日11时30分（北京时间10月7日17时30分），瑞典卡罗琳医学院宣布，将2013年诺贝尔生理学或医学奖授予美国耶鲁大学教授詹姆斯-E.罗斯曼（James E. Rothman）、美国加州大学伯克利分校教授兰迪-W.谢克曼(Randy W. Schekman)和德国生物化学家托马斯-C.苏德霍夫（Thomas C. Südhof），因为他们发现了细胞内囊泡运输调控机制，也即发现了细胞内主要运输系统的机理。

细胞内的物流

人体内有无数各种各样的细胞，尽管它们非常微小，却如同人类社会生活中的无数个企业或组织，会生产很多物质和产品，例如粮食加工厂生产的粮食。但粮食要运送到每个单位和家庭，则需要物流的配送。生物体的细胞也是如此，细胞可以生产很多蛋白质和化学物质（神经递质），并且要把它们输送到生物体所需要的地方。例如，胰岛细胞生产胰岛素，但是，需要把胰岛素运送并释放到血液中。因此，细胞中也存在频繁而巨大的物流现象。

现代物流是指，物品从供应地向接受地的实体流动过程中，根据实际需要，将运输、储存、装卸、搬运、包装、流通加工、配送、信息处理等功能有机结合起来，从而实现用户要求的过程。细胞内生产和加工物质后配送到机体所需要的地方的过程也大致能满足现代物流的这些条件，因此可以称为细胞内的物流。

而且，细胞内的物流甚至比现实生活中的物流更为复杂、精准并且具有自我调控的能力，因为细胞产生的分子，如激素、神经递质、细胞因子和酶等物质有的要被运输到细胞内的其他地方，有的则要被转运出细胞。这就要求细胞生产的所有物质都要在正确的时刻被转运到正确的地点。

三位科学家都发现，细胞内的物质不是散装运输的，而是要包裹起来，正如人们寄包裹时需要打包一样。细胞生产的所有物质都是以小包，即细胞囊泡的形式传递的，而且囊泡需要在正确的时间被输送至正确地点。

囊泡是由膜包裹的微型小泡，能够带着细胞货物穿梭于细胞器间，也能够与细胞膜融合，将货物释放到细胞外部。囊泡转运系统对于神经激活过程中神经递质的释放、代谢调节过程中激素的释放等都非常重要。如果没有囊泡转运系统，或该系统受到干扰，就不仅不能维持正常的生理机能，而且会对有机体有害，如导致神经系统疾病、免疫系统疾病和糖尿病等病症。

但是，三位科学家的贡献各有不同。詹姆斯·罗斯曼阐明了囊泡与目标进行融合、使分子得以转运的蛋白质机制；兰迪·谢克曼则发现了一系列囊泡运输所需要的基因；托马斯·苏德霍夫揭示了指导囊泡精确释放物质的信号机制。因此，三位科学家分享了2013年的诺贝尔生理学或医学奖。今年的奖金仍像去年一样缩水，为800万瑞典克朗（约合120万美元），由三位科学家平分。而2012年前的诺贝尔奖奖金为1000万瑞典克朗。

不同的发现过程

细胞内会生产各类物质，为了确保正确的货物在合适的时间被运送到正确的目的地，需要动用多个系统。最早对这一系统感兴趣并揭示其中某种规律的是兰迪·谢克曼。他在20世纪70年代就决定利用酵母作为模式生物，研究细胞内的这种转运系统的根本动力，即基因是如何调控囊泡转运系统的。

酵母是一种用途最广但也最不起眼的微生物。由于酵母菌的研究成果不保证能应用于人类身上，谢克曼当年的首个研究资助申请被驳回。但是，他坚持研究了下去，才有了今天的成就。

通过基因筛选，谢克曼发现了细胞转运机制有缺陷的酵母细胞，在这种酵母中产生的细胞物质在转运中会受到堵塞，就像公路上的公交车拥堵一样，表现为一些细胞囊泡堆积在细胞的某些部位。原因在于，某些基因导致了细胞囊泡的运转不周和拥堵。但是，这些基因是什么，则需要发现和鉴别。于是，谢克曼一直致力于发现与囊泡堵塞相关的突变基因。通过长期研究，谢克曼鉴定了能控制细胞转运系统不同方面的三类基因。在1990年5月的《细胞》杂志上，舒克曼发表的一篇论文解释了在一大类分泌基因（sec gene）中的三个基因（sec12，sec13，sec16）变异会造成细胞囊泡的拥堵。这就能比较充分地阐释细胞囊泡转运系统的严格调控机制。

詹姆斯·罗斯曼的成就是，发现了细胞囊泡是如何在正确的地点进行释放的，正如现实生活中的物流，货物到了一个正确的目的地需要卸货一样。

罗斯曼的研究并非一朝一夕完成，而是经过了长年累月努力。20世纪80年代和90年代，罗斯曼利用哺乳动物细胞研究囊泡转运系统。在1984年12月的《细胞》杂志上，罗斯曼等人发表了一篇文章，描述了一个蛋白复合物（SNARE蛋白）可以使囊泡融合到相对应的内膜系统或者细胞膜中。囊泡上的蛋白会与内膜的特异补体蛋白相互结合，在融合过程中，囊泡和目标膜上的蛋白以类似拉链的方式结合，这样就可以使囊泡中被运输的物质（分子）到达正确的位置。

在后来的研究还发现，这样的蛋白复合物有很多，其作用也是为了确保货物被交付到准确的位置后才能卸货，所以囊泡只能与目标膜以特异性的方式进行结合。囊泡结合细胞外膜释放细胞货物的原理与在细胞内进行转运的原理是相同的。而且，谢克曼发现的那些酵母基因中，有一部分基因的蛋白产物是与罗斯曼在在哺乳动物中发现的蛋白相对应的，这也揭示了细胞转运系统有着古老的演化起源。

苏德霍夫的获奖主要源于其对神经细胞之间的功能性接触区——突触（Synapse）的研究。突触是神经信号即神经递质传输的关键通道，无数突触形成天文数字的沟通互动，从而产生人类各种活动、感觉、情绪和记忆。神经细胞产生的物质（分子）也是通过细胞囊泡的方式来传递的。

苏德霍夫在1990年的《自然》杂志上发表的一篇论文中阐明，囊泡通过与神经细胞外膜融合将神经递质释放到细胞外。这其实就是谢克曼和罗斯曼已经发现的机制。但是，苏德霍夫的发现更进了一步，囊泡只有在需要向相邻的神经细胞发送神经信号时才能将包含的神经递质释放出，那么，这个过程是怎样进行精确控制的呢？苏德霍夫解开了这个谜。

原来，钙离子参与了控制神经递质释放的过程。苏德霍夫于20世纪90年代致力于观察神经细胞中的钙离子敏感蛋白。随后他揭示了对钙离子进行应答、并促使相邻蛋白质迅速将囊泡结合到神经细胞外膜的分子机制，也即囊泡的拉链被打开、神经递质被释放。这个过程可以表述为，当突触前细胞内游离钙离子和一种蛋白——突触结合蛋白（synaptotagmin）结合时，会导致突触囊泡和细胞膜融合，使神经递质释放。

正是苏德霍夫的发现才解释了囊泡转运在什么时间发生，并阐明了囊泡中的物质（分子）可以通过信号来控制释放。

细胞内运输机制的意义

三位科学家的发现表明，生物体中的每一个细胞都像一个工厂，会生产和输出许多物质，这些物质被包裹在囊泡内运输到细胞周围和细胞外。因此，了解细胞内物质输送的原理可以指导如何在细胞内把物质在适宜的时间运送到正确的地点。这种原理特别适用于药物研发。

另一方面，囊泡以膜融合的方式运送物质也表明，蛋白质和其他物质可以在细胞内和细胞之间进行传递，细胞可以利用这一过程来阻止它们的活动并且避免混乱。因此，细胞内物流的发现也解释了为什么胰岛素释放入血液时人的生理会有较大变化，同时也阐明了神经细胞之间的信息传达，以及病毒感染细胞的方式。

当然，三位科学家，尤其是苏德霍夫的发现对今天美国继人类基因组计划之后开启的另一个宏大的科学研究——脑计划研究更有意义。神经突触是神经元信息传递的关键结构，当神经兴奋时，神经电活动传递到突触前膜，导致细胞外钙离子经过离子通道扩散到细胞内，钙离子和突触结合蛋白（synaptotagmin）是突触囊泡释放的开关，囊泡释放涉及囊泡和细胞膜的融合，这个融合过程是神经递质释放的关键步骤。

人在感觉、思考或运动时，脑内神经元之间必须进行通信联系。神经元可以在微秒时间内进行信息交换。当神经元被激活时，突触前神经释放神经递质，递质经过突触间隙扩散到突触后细胞膜，和细胞受体结合并产生作用。因此，苏德霍夫等人的发现对理解正常生理和解释一些疾病的病理方面有重要作用。

例如，通过对囊泡输送的分子机理的认识，可以观察和了解不同神经元的不同类型突触以及不同的神经递质传递的机制。而囊泡要传递细胞生产的物质，就首先需要一些分子，例如，需要突触蛋白（neurexin）和突触细胞黏附分子（neuroligin）。但是，研究表明，精神分裂症和自闭症患者的突触蛋白和突触细胞黏附分子有异常，说明这些患者存在突触传递障碍。从这个方向研究，可以找到治疗这些患者的药物或疗法。

另一方面，尽管现在人们已经认识到，当突触前细胞内游离钙离子和突触结合蛋白结合时，会导致突触囊泡和细胞膜融合，使神经递质释放，但是，有时神经递质释放得慢，有时释放得快，因此还需要对这个过程进行更深入的研究，从而进一步了解钙离子是如何与突触结合蛋白结合来调节突触囊泡融合和释放神经递质为什么有快与慢的差异，这些差异会导致哪些生理和病理现象。同时，对这一过程的了解也有利于找到治疗某些疾病的方法，如阿尔兹海默氏症。

此外，苏德霍夫的另一些研究已证明，破伤风菌和肉毒杆菌毒素能通过选择性阻断突触小泡蛋白和突触小体相关蛋白（SNAP-25）来抑制囊泡和突触前膜的融合。因此，通过这种机制，可以研发出治疗破伤风和肉毒杆菌感染的药物。

相关链接▸▸ 三位获奖科学家简介

詹姆斯·罗斯曼于1950年出生在美国马萨诸塞州的哈佛希尔，1976年，他从哈佛大学医学院获得博士学位，之后在麻省理工学院担任博士后，并于1978年前往斯坦福大学，开始研究细胞囊泡。那时候他同时为普林斯顿大学，纪念斯隆－凯特琳癌症研究所和哥伦比亚大学工作。2008年，他开始在康涅狄格州纽黑文的耶鲁大学细胞生物学系担任教授与系主任。

兰迪·谢克曼于1948年出生在美国明尼苏达州的圣保罗，并在加州大学和斯坦福大学学习，之后，他在阿瑟·科恩伯格（1959年诺贝尔奖得主）的指导下开始在加州大学伯克利分校分子和细胞生物学系任教，同时，谢克曼也是霍华德·休斯医学研究所的研究员。谢克曼曾任《美国国家科学院院刊》主编，1992年当选美国国家科学院院士，2002年与詹姆斯·罗思曼因对细胞膜传输的研究获拉斯克基础医学奖。

托马斯·苏德霍夫于1955年出生在德国的哥廷根。曾就读于乔治－奥古斯特大学，并于1982年在那里获得医学博士学位，并于同年获得神经化学博士学位。1983年，他前往美国达拉斯的得克萨斯大学西南医学中心担任博士后研究工作，与迈克·布朗和约瑟夫·戈德斯坦（1985年诺贝尔生理学或医学奖得主）共事，之后，到了1991年，苏德霍夫成为霍华德·休斯研究所的一名研究员，从2008年起，他开始担任斯坦福大学分子和细胞生理学教授。自1986年以来苏德霍夫的研究已经阐明了许多主要的与突触相关的蛋白的功能。他于2013年和理查德－舍勒分享了拉斯克基础医学奖。

远离烟害的新理由

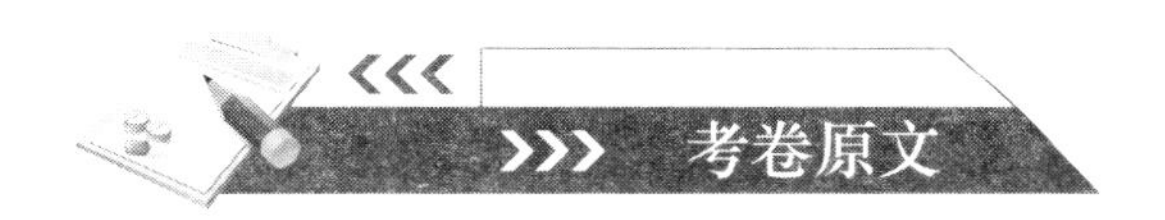

吸烟不仅可以使面部皮肤产生皱纹和变黄，而且也可以对全身的皮肤产生同样的后果。如果戒烟，则可能让皮肤慢慢恢复。美国密执安大学的约兰达·赫尔弗里希等人研究发现，一个人每天吸烟量和其年龄与其经历的皮肤损害有直接关系。科研人员对 82 名志愿者进行了研究，其中 41 名是吸烟者，另 41 人是非吸烟者。他们的年龄在 22 至 91 岁，研究人员观察和拍摄他们上肢内侧的图片来显示皮肤的好与坏。结果显示，年龄超过 65 岁的吸烟者比不吸烟者身体皮肤的皱褶明显增多。

以前的一些研究也证明，吸烟者的面部皮肤也呈现出像在阳光下曝晒时所产生的损害。但是，赫尔弗里希等人的这项研究也证明，吸烟同样会使受到衣服保护的身体皮肤出现与面部皮肤一样的损害，吸烟导致皮肤之下的血管萎缩和对皮肤的血液供应减少。由此可能导致皮肤的受损和衰老，失去弹性和光泽。

正是由于吸烟引起血供减少，也引起相应的内脏器官的受损，如动脉、肾脏和心脏等。另一项新的研究表明，吸烟者的动脉由于受到烟草的毒害而变得坚硬，因而导致血压升高等心血管病。即使他们停止吸烟后也需要10年的时间才能使血管恢复到正常状态。

在生活中相当多的人从来不吸烟，却患了肺癌。原因何在？生活在烟尘污染的大都市、做饭时吸收油溶烟雾较多；不吸烟者，尤其是从未接触香烟烟雾的女性却患了肺癌，原因也可能要归咎于吸烟者。他们吸烟后施放的二手烟烟雾是造成不吸烟者患肺癌的主要原因。

研究人员对美国和瑞典两个国家的100多万人的调查发现，相当多的患肺癌的男人是从来不吸烟的人，而从不吸烟的女性患肺癌的比率更是高于从不吸烟的男性，甚至不吸烟者，无论男女，患肺癌的比率要高于吸烟者患肺癌的比率。这个事实过去曾一度作为吸烟者替自己辩护并嘲讽不吸烟者的理由：不吸烟不也同样患肺癌吗？而吸烟者还不一定患肺癌。不吸烟者患肺癌，无论是男性女性，都与吸二手烟有关。由于男性吸烟者比女性多，因而女性会更多地暴露于二手烟烟雾中，所以女性不吸烟者受到的毒害更深。

在所有引起肺癌的原因中，吸烟是迄今为止可以证实的最主要诱因，而其他因素有氡气、石棉、铬和砷（砒霜）污染。普通人群可以排除氡气、石棉、铬和砷的污染，如果再排除做饭时的油溶烟雾以及环境中的悬浮颗粒污染，二手烟烟雾当然就是不吸烟者患肺癌的主要原因。

为了验证二手烟是造成非吸烟者患肺癌的主要因素，美国康奈尔医学院的研究人员启动了一项对5000人的研究，他们的工作和职业环境最有可能受到二手烟的伤害，如飞行航班服务员、餐馆工作人员和娱乐场所（酒吧、影剧院等）的工作人员，以弄清这些人的肺癌发病率与普通人的肺癌发病率有何不同，并最终确认二手烟对健康者的危害。

（选自《科学养生》，略有删减）

试题

1. 依据文章内容，概括“远离烟害的新理由”。

2. 文中加点词“这个事实”指代什么内容？

3. 除了吸烟以外可能导致肺癌的原因还有哪些？

4. 读完这篇文章你想对吸烟的人说点什么？

参考答案

1. 吸烟可以使面部皮肤，甚至全身的皮肤产生皱纹和变黄，失去弹性和光泽。吸烟引起相应的内脏器官的受损，吸烟还会导致肺癌，尤其是吸二手烟尤为有害。

2. 相当多的患肺癌的男人是从来不吸烟的人，而从不吸烟的女性患肺癌的比率更是高于从不吸烟的男性，甚至不吸烟者，无论男女，患肺癌的比率要高于吸烟者患肺癌的比率。

3. 生活在烟尘污染的大都市（或污染环境中的悬浮颗粒污染），做饭时吸收油溶烟雾较多，氡气、石棉、铬和砷（砒霜）的污染。

4. 语言以告诫为主，具有劝勉的意味即可。

远离烟害的新理由

吸烟对己对人都有害处。今天对吸烟者来说，戒烟又增添了一些好处。而这些好处都在提示，远离烟草你的身体从里到外将会有焕然一新的改善。

让你保持青春

近日，一项发表在《皮肤病学文献》上的文章说，吸烟不仅可以使面部皮肤产生皱纹和变黄，而且也可以对全身的皮肤产生同样的后果。而如果戒烟，则可能让皮肤慢慢恢复。过去有人把面部皮肤的变坏说成是太阳光照射的原因。但是，即使不受阳光照射的身体皮肤也可以因吸烟而变糟。美国密执安大学的约兰达·赫尔弗里希（Yolanda Helfrich）等人研究发现，一个人每天吸烟量和其年龄与其经历的皮肤损害有直接关系。

研究人员对82名包括吸烟和非吸烟的志愿者进行了研究，其中41名是吸烟者，另41人是非吸烟者。他们的年龄在22至91岁，研究人员观察和拍摄他们上肢内侧的图片来显示皮肤的好与坏。结果显示，年龄超过65岁的吸烟者比不吸烟者身体皮肤的皱褶明显增多。

当皮肤暴露于阳光时，主要是脸部，皮肤变得粗糙、起皱和带有病态的浅黄色。以前的一些研究也证明，吸烟者的面部皮肤也呈现出像在阳光下曝晒时所产生的损害。但是，赫尔弗里希等人的这项研究也证明，吸烟同样会使受到衣服保护的身体皮肤出现与面部皮肤一样的损害，因而造成全身的皮肤衰老，失去弹性和光泽。

尽管吸烟导致全身皮肤衰老和损害的机理还不太清楚，但专业界一个比较认同的观点是，吸烟导致皮肤之下的血管萎缩，因而使得对皮肤的血液供应减少。由此可能导致皮肤的受损和衰老。

血管和内脏也受损

正是由于吸烟引起血供减少，也引起相应的内脏器官的受损，如动脉、肾脏和心脏等。另一项新的研究表明，吸烟者的动脉由于受到烟草的毒害而变得坚硬，因而导致血压升高等心血管病。即使他们停止吸烟后也需要10年的时间才能使血管恢复到正常状态。

爱尔兰都柏林圣三一大学的圣杰姆斯医院高血压诊所和圣三一卫生科学中心的博士诺·艾哈迈德·贾托伊（Noor Ahmed Jatoi）等人对三组人群进行了吸烟影响健康的调查。这些人分为现在吸烟者、以前吸烟者和从不吸烟者，一共554人。对以前吸烟者又根据吸烟时间的长短分为三组，在现在的1年以内吸烟、1年以上10年以内吸烟和10年前吸烟。研究人员采用动脉脉波传输及频谱分析测试系统对参与者测量动脉硬度，而动脉硬度的增加可以直接升高血压并与心脏病相关。

结果发现，现在吸烟者和1年内吸烟者比非吸烟者血管硬度明显增加。在1年前和10年内曾吸烟者血管硬度稍有改善。而在10年前吸烟（即吸烟停止后10年）者，血管硬度才达到正常水平，显得柔软和富有弹性。这个研究结果再次证明，戒烟是吸烟者迈向健康。增加生命质量和延年益寿的重要一步。戒烟的时间越长对健康越有利。这一结果已经发表在美国医学会杂志《高血压》上。

被动吸烟者患癌更多

在生活中相当多的人从来不吸烟，但却患了肺癌。原因何在？经过问诊和生活方式的检查可以找到其他一些原因。比如，生活在烟尘污染的大都市、做饭时吸收油溶烟雾较多等等。但是新的研究发现，不吸烟者，尤其是从未接触香烟烟雾的女性却患了肺癌，原因也可能要归咎于吸烟者，他们吸烟后施放的二手烟烟雾是造成不吸烟者患肺癌的主要原因。

研究人员对美国和瑞典两个国家的100多万人的调查发现，相当多的患肺癌的男人是从来不吸烟的人，而从不吸烟的女性患肺癌的比率更是高于从不吸烟的男性，甚至不吸烟者，无论男女，患肺癌的比率要高于吸烟者患肺癌的比率。这个事实过去曾一度作为吸烟者替自己辩护并嘲讽不吸烟者的理由：不吸烟不也同样患肺癌吗？而吸烟者还不一定患肺癌。

对这个现象，研究人员也感到困惑，尤其是一些临床大夫面对确诊为肺癌的人的询问：我从来不吸烟，为何会患肺癌，也会难以解释。更让人困惑的是，从不吸烟的女性患肺癌的可能性更大。主持这项研究的美国加利福尼亚的斯坦福大学的黑塞·威克尼（Heather Wakelee）博士认为，最可能的原因是，不吸烟者患肺癌，无论是男性女性，都与吸收二手烟有关。

威克尼等人追踪了年龄在40～79岁的100多万人的肺癌发病率情况，所有人都接受了不同的饮食、生活方式和疾病的调查，有些人还追踪到20世纪70年代早期。受调查者多数是白人女性，其他人则包括不同的种族。

在不吸烟女性中肺癌发病率每年介于14.4例/10万人至20.8例/10万人。而在不吸烟男性中，肺癌发病率每年介于4.8例/10万人至13.7例/10万人。与吸烟者患肺癌比率相比更让人惊奇，不吸烟女性患肺癌比率高出吸烟者约20%，而不吸烟男性患肺癌比率高出吸烟男性8%。威克尼等人的研究将发表在2007年2月16日的《临床肿瘤病学》。

二手烟猛于虎

无论是男性还是女性为什么不吸烟者患肺癌的比率都要高于吸烟者。威克尼等研究人员认为，这可能是不吸烟者对烟雾更为敏感并长期暴露于二手烟烟雾的缘故。而且由于男性吸烟者比女性多，因而女性会更多地暴露于二手烟烟雾中，所以女性不吸烟者受到的毒害更深。

当然，这只是一个推论，具体原因还要通过研究来证实。不过，在所有引起肺癌的原因中，吸烟是迄今为止可以证实的最主要诱因，而其他因素有氡、石棉、铬和砷（砒霜）污染。普通人群可以排除氡气、石棉、铬和砷的污染，如果再排除做饭时的油溶烟雾以及环境中的悬浮颗粒污染，二手烟雾当然就是不吸烟者患肺癌的主要原因。

为了验证二手烟是造成非吸烟者患肺癌的主要因素，美国康奈尔医学院的研究人员启动了一项对 5000 人的研究，他们的工作和职业环境最有可能暴露于二手烟，如飞行航班服务员、餐馆工作人员和娱乐场所（酒吧、影剧院等）的工作人员，以弄清这些人的肺癌发病率与普通人的肺癌发病率有何不同，并最终确认二手烟对健康者的危害。而美国癌症协会估计，在 2007 年将有 21.3 万人患肺癌，其中 16 万人将死于肺癌。

全球戒烟新浪潮

尽管二手烟的危害还没有得到更多的直接的科学证据，但世界各国的禁烟运动已经越来越严格，因为让健康者吸二手烟不仅有染上肺癌的危险，而且有患上其他疾病的可能，如心血管病。比如，从 2007 年 1 月 1 日起，中国香港所有的工作地点、公众地点、饭店、街道以及公众游乐场所内的大部分范围将实施禁烟。违规烟民最高可判罚 5000 港元。

而实施的方案是渐进性的。2007 年 1 月 1 日起先将人口众多的饭馆、办公室、公园、泳滩、学校、医院以至自动电梯和升降机等列为禁烟区，至于18岁以下人士禁止进入的酒吧、麻将馆、夜总会、按摩院及桑拿浴室等娱乐场所，则在2009年7月1日起才全面禁烟。

如果研究进一步证实二手烟导致健康人群的肺癌和其他疾病，吸烟将会受到更多的限制，吸烟也将成为最不文明的生活方式之一而受到人们的抵制。

在美国，戒烟也成为时尚，其中女性戒烟者越来越多。因为，仅仅从容颜上保持青春和性吸引力也足以让女性远离烟草。美国纽约一项对女性吸烟的公共卫生调查证明，自2002年以来该市女性吸烟人数已经大大减少。纽约18岁以上的女性在2002年有63万人吸烟，而在2005年则下降到50.7万人。这也意味着纽约女性的吸烟率从2002年的20%下降到了2005年的16%。这个调查是由纽约卫生署和精神卫生协会健康调查部进行的，共随机电话采访了1万名纽约市民。

除了健康宣传，纽约市的公共卫生政策也对女性和其他吸烟人群减少起到了重要作用。自2001年迈克尔·布鲁姆伯格担任纽约市长后就对控烟采取了新措施，比如增加香烟税，在酒吧和餐厅等公共场所禁烟等。而且布鲁姆伯格2006年底还宣布拿出自己的1.25亿美元投入到全球的反吸烟运动中，而这一领域是被慈善家所忽略了的。布鲁姆伯格以前是一位吸烟者，但已戒烟30年。他深深感到戒烟对他的健康带来了巨大益处。

你的血型可以改变吗?

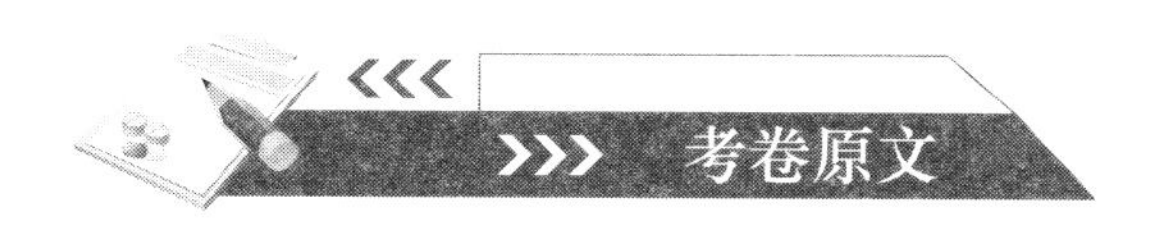

我们所说的血型一般是指ABO血型,是按红细胞所含有的抗原来分型的。随着研究一步步深入,人们发现自身的血型除了ABO血型外,还可以有Rh血型、HLA血型等多种。一个人的血型是与生俱来的,而且从出生到生命终结,血型一般是不会改变的。但是,在一些特殊情况下,人的血型也可能发生改变。

一个人如果患了血液病,如白血病、再生障碍性贫血,患者机体的造血功能减弱和遭到破坏,而人的造血功能是骨髓中的干细胞来完成的。患者造血功能受到破坏,说明其造血干细胞出现问题,所以需要移植他人的骨髓造血干细胞,这样移植骨髓干细胞后,患者(受者)的血型就可能会改变,接受骨髓移植后受者的红细胞血型会变为供者红细胞血型。比如供者是A型,移植后不论移植前受者是哪一种血型,都会变成A型。2000年,中国医学科学院血液研究所和血液病医院的研究人员就发表了30名病人干细胞移植后血型发生改变,并探讨相应的输血方法的论文。

既然血型是终生不变的,为什么干细胞移植后会发生血型改变呢?而且这种改变是长期的还是短期的呢？其原因在于，对患者移植骨髓干细胞主要是通过 HLA 配型来进行的，所以受者与供者之间的 ABO血型不合也可以移植。但是，移植骨髓后，由于患者自身的造血干细胞功能逐渐退化以致完全丧失功能，患者的红细胞不断衰亡，就由移植进的供者的干细胞担当起了造血功能，于是患者的血型慢慢变为供者的血型。

那么，这种血型变化是长久的还是短期的呢？如果受者的造血功能被移植进的供者的骨髓干细胞完全或大部分替代，那么这种血型的改变就是长期的，甚至是永久的，除非受者自身的造血功能得到恢复，并在造血中占主导地位。

还有一类血型改变是临时的或不彻底的血型改变，因此从本质上看，还不算是血型改变。这种临时改变血型的原因有多种，比如婴幼儿发育还未成熟、患病尤其是患癌症、输血、服药以及接受放射性治疗等，都可以短期内改变或表面上改变一个人的血型。比如，一名病人如果短时期内大量输注右旋糖苷等胶体溶液，这时溶液中的胶体分子就可能吸附红细胞表面的抗原，可以使服药者原有的红细胞的抗原发生改变，也就引起血型的改变。

另一个短暂改变血型的例子是肿瘤患者。首先，如果他们接受放射疗法，大剂量的放射线辐射可能会导致基因突变和红细胞表面的抗原产生变化，从而造成血型改变；其次，由于肿瘤本身的原因可以造成红细胞抗原的变化，或使红细胞上抗原的抗原性变弱，在检测时表面上也好像产生了血型改变。但这种血型改变仅属表现型的改变，不是基因型的变异。

比如，一名 39 岁的男性患者在患急性粒细胞白血病后一个月，血型由原来的 O 型转变为 B 型，因此在治疗时由过去输 O 型血到后来输 B 型血。

而另一名16岁的男性少年在确诊为急性非淋巴细胞白血病后四个月，血型从过去的O型转变成了B型，对他输血治疗时也进行了相应的调整。但是，这类血型改变都是短暂的和不彻底的，病情得到控制后血型就可能再次变回原来的血型。

除了上述原因，迄今还没有看到有其他方式改变人的血型。虽然研究人员在尝试改变一个人血型的方法，但迄今仍然没有突破。但是，现在有一种不是改变人的血型而是改变血液血型的方法，例如，把抽出的B型血改变成O型血。

我们知道，红细胞表面抗原决定血型，这些抗原其实就是一种多种糖链结构。其中O型血的结构成分最简单，B型血比O型血多了一个半乳糖，而其他血型又多了一个到几个糖链。如果把几种血型的基本结构比喻为一棵树，它们的不同之处就像一棵树上长出了不同的枝丫，只要把这些枝丫剪掉，就能转变成O型血。比如，B型血比O型血只是在红细胞表面最外端多了一个半乳糖，利用一种酶就可以把这个枝丫剪掉，使B型血转变成O型血。

（选自《中学生百科》2004年06期，有删节）

试 题

1. 血型一般是不会改变的。但是，在一些特殊情况下，人的血型也可能发生改变。本文介绍了哪几种血型发生改变的特殊情况？

2. 本文最后一段画线部分的句子在写法上有什么特点？请做简要分析。

3. 有人说，血型代表性格。比如说O型血的人开朗活泼，AB型血的人内向阴沉。正如“江山易改，禀性难移”一样，血型也是难以改变的，你是否同意这一说法，请陈述你的观点和理由。

参考答案

1. 答：三类情况可能改变血型。第一类是移植骨髓干细胞后，患者（受者）的血型可能会改变，接受骨髓移植后受者的红细胞血型会变为供者红细胞血型。第二类是临时的或不彻底的血型改变，原因有多种，比如婴幼儿发育还未成熟、患病尤其是患癌症、输血、服药以及接受放射性治疗等，都可以短期内改变或表面上改变一个人的血型。第三类是，不是改变人的血型而是把血液抽出来改变血液的血型，例如，把抽出的B型血改变成O型血。

2. 答：画线部分在写法上是一种比喻，把甲种东西或事物比喻为乙种东西或事物，即把血型的基本结构比喻为一棵树，血型的不同就像一棵树上长出了不同的枝丫，只要把这些枝丫剪掉，就能转变成O型血。是以O型血为树干作为比喻，由此可以更生动地说明事物的性质和原理，让读者容易理解血型的构成，以及血型是如何改变的，就像剪去一棵树主杆上的枝丫，就能改变血型，通俗易懂。

3. 答：基本同意这个观点。尽管血型在某些特殊情况下能改变，但血型的改变是短暂的，并且只有极个别的的人血型的改变是永久的，即受者的造血功能被移植进的供者的骨髓干细胞完全或大部分替代。但是，这种极个别的血型永久改变不能代表绝大多数人的血型是不能改变的事实。

不过，血型并不代表性格，因为在人类的血型和性格的分类中，并没有统计学意义上的某类血型匹配某类性格的结论，也就是说O型血的人中既有开朗活泼的，也有内向深沉的，反之AB型血的人亦然，即便血型代表性格是一种比喻说法，也并不太准确。

人的血型可改变吗?

从胎儿孕育之日起，人的血型就确定了，而且从出生到生命终结，血型一般是不会改变的。但是，在一些特殊情况下，人的血型也可能发生改变。那么，这种改变是暂时的还是长久的，改变血型的原因、条件和环境是什么？应该如何对待这种改变？说实话，这些问题都是既古老，又新鲜的内容，因此需要从最基础的血型和血液学知识来探讨。

血型与血型种类

我们所说的血型一般是指ABO血型，是按红细胞所含有的抗原来分型的。1920年，奥地利维也纳大学的病理学家兰德斯坦纳(Landsteiner)发现，如果按血液中红细胞所含抗原物质来划分血型就可以避免病人因输血而频频发生的血液凝集导致病人死亡的悲剧。

具体的区分是，以人血液中红细胞上的抗原与血清中的抗体来定型。一个人红细胞上含有A抗原（又称凝集原），而血清中含有抗B抗体（又称凝聚素）的称为A型；红细胞上含有B抗原，而血清中含有抗A抗体的称为B型；红细胞上含有A和B抗原，而血清中无抗A、抗B抗体的称为AB型；红细胞上不含A、B抗原，而血清中含有抗A和抗B抗体称为O型。

如果在输血时把不同型的血输入病人体内，此时供者血液中的红细胞上的抗原（凝集原）就会与受者血清中的抗体（凝集素）发生凝集反应，使红细胞大量死亡，血管堵塞，危及受者的生命。因此，在输血前，需要通过血型鉴定，然后只能输同一血型的血或虽不是同一血型但不会发生凝血反应的血，如O型输给A、B和AB型。

而血型鉴定分为正定型(血清试验)和反定型(细胞试验)。正定型是指，用已知的抗A、抗B血清来测定红细胞上有无A抗原或（和）B抗原；而反定型是指，用已知的含A抗原或（和）B抗原红细胞来测定血清中有无相应的抗A或（和）抗B抗体。这样才可能保证输血的安全。

1921年，世界卫生组织（WHO）正式向全球推广认同和使用A、B、O、AB四种血型，这也就是传统的ABO血型分类。由于在血型发现和分类上的贡献,兰德斯坦纳获得1930年的诺贝尔生理学或医学奖,并被誉为“血型之父”。

但是，随着研究的一步步深入，人们发现自身的血型除了ABO血型外，还可以有其他的分类。1940年兰德斯泰纳（Karl Landsteiner）和韦纳（Wiener）又发现了Rh血型，到1995年，共发现23个红细胞血型系统，外加一个低频率抗原组、高频率抗原组和尚未形成体系的血型集合（collection），抗原总数达193个。后来法国的道塞特（Dausset）于1958年发现人类白细胞抗原（human leucocyte antigen，HLA），到1995年已公布112种HLA特异性表型，HLA等位基因已达503个。此外，血小板血型抗原也在1957年后陆续被发现。

所以粗略地讲，人类现在的血型分类就至少有ABO血型、Rh血型、HLA血型等多种血型系统。而在今天，在生活和医疗中应用最广的当然要数ABO血型、Rh血型、HLA血型，前两者与输血和妊娠密切相关，后者与器官、骨髓和干细胞移植密切相联连。

第一类血型改变——干细胞移植后改变

一个人的血型是与生俱来的，而且是终生不会改变的。但是，在特定情况下，个人的血型却可以发生改变。而第一个可以改变血型的特殊情况就是，移植了骨髓干细胞后的变形。一个人如果患了血液病，如白血病、再生障碍性贫血，患者机体的造血功能减弱和遭到破坏，而人的造血功能是骨髓中的干细胞来完成的。患者造血功能受到破坏，说明其造血干细胞出现问题，所以需要移植他人的骨髓造血干细胞，这样移植骨髓干细胞后，患者（受者）的血型就可能会改变。

尽管这种情况与绝大多数人比较起来只是极小极小的人群，但国内外已经有相当多的临床报道表明这是一个比较普遍的现象。接受骨髓移植后受者的红细胞血型变为供者红细胞血型。比如供者是A型，移植后不论移植前受者是哪一种血型，都会变成A型。2000年，中国医学科学院血液研究所和血液病医院的研究人员就发表了30名病人干细胞移植后血型发生改变，并探讨相应的输血方法的论文。既然血型是终生不变的，为什么干细胞移植后会发生血型改变呢？而且这种改变是长期的还是短期的呢？

虽然现在的研究还没有给出明确的答案，但是通过一些事实和原理的推论，可以初步解释这些问题。对患者移植骨髓干细胞主要是通过HLA配型来进行的，所以受者与供者之间的ABO血型不合也可以移植。但是，移植骨髓后，由于患者自身的造血干细胞功能逐渐退化以致完全丧失功能，患者的红细胞不断衰亡，就由移植进的供者的干细胞担当起了造血功能，于是新生成的血液红细胞和白细胞就成为受者血液中的主要成分，其红细胞上的抗原当然发生了变化，成为供者的抗原。其次，受者血清中原有的抗体（血清凝集素）也在逐步消失，于是患者的血型慢慢变为供者的血型。

那么，这种血型变化是长久的还是短期的呢？目前还没有足够多的研究结果回答这个问题，但是已有的事实和根据推论，如果受者的造血功能被移植进的供者的骨髓干细胞完全或大部分替代，那么这种血型的改变就是长期的，甚至是永久的，除非受者自身的造血功能得到恢复，并在造血中占主导地位。当然，这种血型改变最为现实的问题是如何给受者输血。

目前国内外研究的结论是，干细胞移植者在血型未改变之前，主要还是按患者自己的原有血型来输血，如果患者血型转变为供者血型，就应当按供者的血型来输血。但是，在每次输血和使用血液制品前，都必须严格进行ABO血型的查验，不仅要进行正定型（血清试验）检验，还要进行反定型（细胞试验）检验。而且有时检验血型还是非常复杂的，使用的血液和血液制品也要做技术处理，才可能避免凝血反应的发生。

第二类血型改变——短期的或不彻底的改变

还有一类血型改变是临时的或不彻底的血型改变，因此从本质上看，还不算是血型改变。这种临时改变血型的原因有多种，比如婴幼儿发育还未成熟、患病尤其是患癌症、输血、服药以及接受放射性治疗等，都可以短期内改变或表面上改变一个人的血型。比如，一名病人如果短时期内大量输注右旋糖苷等胶体溶液，这时溶液中的胶体分子就可能吸附红细胞表面的抗原，可以使服药者原有的红细胞的抗原发生改变，也就引起血型的改变。

另一个短暂改变血型的例子是肿瘤患者。首先，如果他们接受放射疗法，大剂量的放射线辐射可能会导致基因突变和红细胞表面的抗原产生变化，从而造成血型改变。其次，由于肿瘤本身的原因可以造成红细胞抗原的变化，或使红细胞上抗原的抗原性变弱，在检测时表面上也好像产生了血型改变。但这种血型改变仅属表现型的改变，不是基因型的变异。

比如，一名39岁的男性患者在患急性粒细胞白血病后一个月，血型由原来的O型转变为B型，因此在治疗时由过去输O型血到后来输B型血。而另一名16岁的男性少年在确诊为急性非淋巴细胞白血病后四个月，血型从过去的O型转变成了B型，对他的输血治疗时也进行了相应的调整。

但是，这类血型改变都是短暂的，病情得到控制后血型就可能再次变回原来的血型。而且，这类血型改变都是不彻底的，实验证明，只有红细胞上的抗原发生了改变或抗原性减弱，但其血清中的抗体（凝集素）却不会发生变化，患者唾液中的血型物质也不发生变化。在这种情况下，第一是不能将白血病患者的血型改变当作亚型看待。其次，为了输血安全，鉴定血型必须做正、反定型，这才有可能防止误定血型。最后在输血时还要从技术上和血液类型上严格把关，否则就会造成输血反应。

改变血液血型及其他

除了上述原因，迄今还没有看到有其他方式改变人的血型。虽然研究人员在尝试改变一个人血型的方法，但迄今仍然没有突破。但是，现在有一种不是改变人的血型而是改变血液血型的方法，例如，把抽出的B型血改变成O型血。

我们已经知道，红细胞表面抗原决定血型，这些抗原其实就是一种多种糖链结构。其中O型血的结构成分最简单，B型血比O型血多了一个半乳糖，而其他血型又多了一个到几个糖链。如果把几种血型的基本结构比喻为一棵树，它们的不同之处就像一棵树上长出了不同的枝丫，只要把这些枝丫剪掉，就能转变成O型血。比如，B型血比O型血只是在红细胞表面最外端多了一个半乳糖，利用一种酶就可以把这个枝丫剪掉，而这个酶就是阿尔法半乳糖苷酶。这种酶可以把B型血中最外端的半乳糖切除掉，使B抗原活性丧失，呈现O型血的典型特征，也就使B型血转变成O型血。

另外，血型与性格分类之说已经流行了很多年，比如认为O型血的人开朗活泼，AB型血的人内向深沉。其实迄今为止，根本没有什么严格的科学研究证明血型与性格有必然的联系，所有的研究只是证明血型与性格是两种不同的事物和客观存在，各自有其规律和应用范围。性格、个性、气质等是由遗传和后天习得所养成的。在遗传因素上，决定性格的主要是神经类型，而神经类型则是由体内的神经递质，如多巴胺、乙酰胆碱分泌的多少和快慢等，以及体内各种内分泌器官分泌的激素，如肾上腺素、雄激素、雌激素的多少等所决定的。而后天的习得主要是指家庭、学校和社会教育所获得的行为举止和性格特征，教育是使一个人形成良好性格和人格的重要因素。

但是，血型全部是由遗传而成，而这种遗传则是由基因决定一个人红细胞、白细胞以及血小板上的抗原，从而形成独特血型。而决定血型的基因绝不可能等同于决定人的神经类型的基因和主管各种神经递质以及各种激素的基因，它们之间根本没有什么关系。

当然，也有一些人拿性格与血型的人数所具有数量关系来认定血型与性格有关。这里可以肯定地说，迄今没有任何一种调查和研究可以肯定某一血型与某一性格类型相关，比如，所谓O型血的人开朗活泼，其实，所有血型的人都既有开朗的，也有内向和羞涩的，而且以外向和内向或以希波克拉底的胆汁质、多血质、黏液质和抑郁质来分类，也没有哪一种血型的人可以明显地集中于某一性格类型和气质类型，比如说O型血的人至少60%以上是外向型的或多血质。相反，相当多的调查和研究已经证明，各种血型的人其人数在各种性格类别中基本一致，比如，O型血的人在胆汁质、多血质、黏液质和抑郁质各类型中基本都是25% ~ 30%，其他血型也一样。

所以，血型与性格没有必然的联系。如果说有联系，那只是占星术的内容。

美食传承与健康

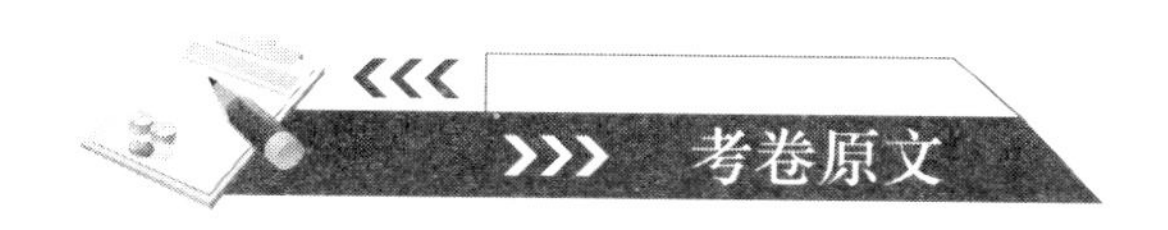

《舌尖上的中国2》的第一集和第二集不仅为观众带来了各地的特色美食，如徽州臭豆腐、陕西挂面等，也展示了拥有上千年历史的徽州古法榨油。但是，后者也随即遭到了批评，因为徽州的古法榨油方法落后，保质期短，还可能会产生癌症诱变剂苯并芘。

能入选“舌尖中国”的美食有四个标准：一要健康，二要真实，三要相对日常，四要解馋。所谓美味的真实，又有两个标准，一是好吃，二是有传承。

对照这些标准，徽州古法榨的油就有些不符合。因为，如果经常食用古法榨取的油，难免会对健康有害。食用油并非一种食品，而是烹制食品不可或缺的原料，因此，更需要注意这种食材是否健康。好在经过多年的健康传播，一些人已经知道这种古法榨出的油对健康不利，而且现在公众消费的食用油也是经过精炼处理，减少了烹调时的油溶烟雾（其中包含多种致癌物，如苯并芘和多环芳烃），从而把致癌的危险降低了许多。这集的导演陈磊表示，之所以要表现古法榨油是为了表现祖先智慧的传承。

如同任何领域的传承一样，美食中的传承代表了某种传统和智慧。但是，传统未必就是合理和健康的，经过现代实验科学的验证，无论是国人的饮食还是国外的饮食，都有很多传统食品与健康并不相符，好吃和传承就会出现矛盾。

一般来说，美味或好吃是一种食物能获得人们青睐并传承下来的第一个关口，这在人的进化中已经得到验证。研究人员发现，人们的体内都有一种苦味基因 TAS2R16，但是，在中国人的身上这一基因表达得更充分，因而与神农尝百草的传说吻合。苦味基因的形成和充分表达在中国人身上大约是在 5000 ~ 6000 年前，所以，只要是苦味的食物，人们就会排除掉，以避免中毒，而美味的食物才会被人们选择，包括种植、培育、捕获和烹调。所以，食物的美味的确是传承中第一位的要素。

但是，好吃未必就有利于健康。虽然美味的食物大多有利于健康，但却还有一些美味的食物并非如此。中国人的“冒死吃河豚”就是对美味与健康互相矛盾的一种经验解释。推而广之，就美味食物的传承来看，中国人的饮食也有很多被现代实验科学证明是不健康的。

比如，鼻咽癌又被称为“广东癌”，原因是多方面的，但是其中饮食是一个重要的因素。现在，研究人员发现，尽管鼻咽癌的诱因有遗传、病毒和环境等因素，但这些都不是最主要的。主要的是，鼻咽癌的发病与饮食制作和习惯有更大的关系。咸鱼粥是广东家庭在婴儿出生以后最常吃的食物，意在唤起和培养婴儿的食欲，并终生保持对美味的口感。但是，长期吃咸鱼、咸菜等腌制咸食却容易诱发鼻咽癌，因为咸鱼的制作方法导致了致癌物的产生。

广东沿海地区有一种待鱼变质、发胀、发臭以后加盐腌制的咸鱼，这样的鱼含有大量亚硝胺类物质，如亚硝胺，是一种强致癌物，能直接诱发癌症。可以看到，咸鱼粥就是广东沿海地区的一种美味食物，而且具有传承，但是经过现代科学的验证却不利于健康。因此，这样的美味和传统饮食方式就需要改变，如此才有可能摘掉“广东癌”的帽子。

由于没有剧透，不知道《舌尖上的中国2》还有多少类似徽州古法榨油的美味饮食。如果在剧中除了表现中国饮食的博大精深和深远的传承外，能在科学上把关，顺带进行健康饮食的科学传播，意义会更大，也会更好看。

试 题

1. 下列内容，表述有误的一项是（　　）

A. 徽州的古法榨油遭到了批评，因为方法落后，保质期短，还可能会产生癌症诱变剂苯丙芘。

B. 徽州古法榨的油不太符合“舌尖中国”的美食标准，它不属于美食，常食用对健康有害。

C. 徽州的古法榨油能入选“舌尖中国”不是为了展示一种榨油技术，而是为了表现祖先智慧的传承。

D. 徽州的古法榨出的油由于没有经过精炼处理，其中包含多种有毒有害物质，食用对健康不利。

2. 下列理解不符合原文意思的一项是（　　）

A. 苦味基因的形成和充分表达在中国人身上是 5000 ~ 6000 年前，苦味的食物都有毒，人们就会排除掉，以避免中毒。

B. 人们会主动排除掉苦味，选择美味的食物，食物的美味的确是传承中第一位的要素，但美味并不一定健康。

C. 鼻咽癌的发病与饮食制作和习惯有更大的关系，一些咸鱼等腌制品含有大量亚硝胺，能直接诱发癌症。

D. 广东家庭在婴儿出生以后最常吃的咸鱼粥，意在唤起和培养婴儿的食欲，并终生保持对美味的口感。

3. 根据原文内容，下列理解不正确的一项是（　　）

A. 美食中的传承代表了某种传统和智慧。但是，传统也未必就是合理和健康的，好吃和传承需兼顾才可取。

B. 美味或好吃是人们选择食物的首要标准，人类在进化过程中，经历了从选择自然美食到人工制作美食的过程。

C. 徽州古法榨的油和广东咸鱼加工方式落后，因而类似的加工方式需要及时改进。

D. 这类节目除了要表现中国饮食的博大精深和深远的传承外，还要能科学传播健康饮食，这样一来，节目才有意义。

参考答案

1. C

2. A

3. D

【解析】

1．C 根据原文，展示榨油技术和表现祖先智慧的传承并不矛盾。“不是……而是”应改为“不但……而且”，设误类型为“曲解文意”。

2．A 相关文本信息是“苦味基因的形成和充分表达在中国人身上大约是在 5000～6000 年前，所以，只要是苦味的食物，人们就会排除掉，以避免中毒”。选项中去掉了“大约”二字，不够准确，并且苦味食物并非都有毒。设误类型为“过度绝对化”。

3．D 相关文本信息是“如果在剧中除了表现中国饮食的博大精深和深远的传承外，能在科学上把关，顺带进行健康饮食的科学传播，意义会更大，也会更好看”。“……更大……更好”，被“有”取代，设误类型为“程度范围缩小”。

舌尖中国：要好吃也要健康

《舌尖上的中国 2》在央视一套播出了第 2 集《心传》，收视率飙升至同时段第一。《舌尖上的中国 2》的第一集和第二集不仅为观众带来了各地的特色美食，如徽州臭豆腐、陕西挂面、苏式小方糕、湖南糍粑、船点、汕头蚝烙、扬州烫干丝、脱骨鱼、扣三丝、油爆河虾、蟹黄烧麦、三套鸭等，也展示了拥有上千年历史的徽州古法榨油。但是，后者随即遭到了批评，因为徽州的古法榨油方法落后，保质期短，还可能会产生癌症诱变剂苯并芘。

之前，“舌尖中国”的总导演陈晓卿表示，入“舌尖中国”的美食有四个标准：一要健康，二要真实，三要相对日常，四要解馋。在解释美味的真实时，又提到两个标准，一是好吃，二是有传承。

对照这些标准，徽州的古法榨油就有些不符合。因为，如果经常食用古法榨取的油，难免会对健康有害。当然，食用油并非是一种食品，而是烹制食品不可或缺的原料，因此，更需要注意这种食材是否健康。好在经过多年的健康传播，一些人已经知道这种古法榨出的油对健康不利，而且现在公众消费的食用油也是经过精炼处理，减少了烹调时的油溶烟雾（其中包含多种致癌物，如苯并芘和多环芳烃），从而把致癌的危险降低了许多。

不过，无论是《舌尖上的中国》还是后续要播出的更多集的《舌尖上的中国 2》都主要或基本反映了入选其中的两个主要标准，一是好吃，二是有传承。也因此，才有《心传》这集的导演陈磊回应，之所以要表现古法榨油是为了表现祖先智慧的传承。

如同任何领域的传承一样，美食中的传承代表了某种传统和智慧，否则，中华民族就不会繁衍至今。但是，传统也未必就是合理和健康的，经过现代实验科学的验证，无论是国人的饮食还是国外的饮食，都证明有很多传统食品与健康并不相符，好吃和传承就会出现矛盾。

一般来说，美味或好吃是一种食物能获得人们青睐并传承下来的第一个关口，这在人的进化中已经得到验证。研究人员发现，人们的体内都有一种苦味基因 TAS2R16，但是，在中国人的身上这一基因表达得更充分，因而与神农尝百草的传说吻合。苦味基因的形成和充分表达在中国人身上大约是在 5000 ~ 6000 年前，所以，只要是苦味的食物，人们就会排除掉，以避免中毒，而美味的食物才会被人们选择，包括种植、培育、捕获和烹调。所以，食物的美味的确是传承中第一位的要素。

但是，好吃未必就有利于健康。虽然美味的食物大多有利于健康，但却还有一些美味的食物并非如此。中国人的“冒死吃河豚”就是对美味与健康互相矛盾的一种经验解释。推而广之，就美味食物的传承来看，中国人的饮食也有很多被现代实验科学证明是不健康的。

《舌尖上的中国2》第一集也描绘了一个故事和中国人浓浓的亲情，一对在外打工的贵州夫妇回家，他们的女儿很高兴。原因之一是，母亲能做稻花鱼、雷山鱼酱给家人吃。当然，稻花鱼、雷山鱼酱并没有问题，但是，中国其他一些地方的鱼类食物或某些传统食物的制作就如同徽州的古法榨油一样，并不利于健康。

鼻咽癌被称为“广东癌”，原因是多方面的，但是其中饮食是一个重要的因素。现在，研究人员发现，尽管鼻咽癌的诱因有遗传、病毒和环境等因素，但这些都不是最主要的。主要的是，鼻咽癌的发病与饮食制作和习惯有更大的关系。咸鱼粥是广东家庭在婴儿出生以后最常吃的食物，意在唤起和培养婴儿的食欲，并终生保持对美味的口感。但是，长期吃咸鱼、咸菜等腌制咸食却容易诱发鼻咽癌，因为咸鱼的其制作方法导致了致癌物的产生。

广东沿海地区一种待鱼变质、发胀、发臭以后加盐腌制的咸鱼，这样的鱼含有大量亚硝胺类物质，如亚硝胺，是一种强致癌物，能直接诱发癌症。可以看到，咸鱼粥就是广东沿海地区的一种美味食物，而且具有传承，但是经过现代科学的验证却不利于健康。因此，这样的美味和传统饮食方式就需要改变，如此才有可能摘掉“广东癌”的帽子。

由于没有剧透，不知道《舌尖上的中国2》还有多少类似展现徽州古法榨油的美味饮食。如果在剧中除了表现中国饮食的博大精深和深远的传承外，能在科学上把关，顺带手进行健康饮食的科学传播，意义会更大，也会更好看。

电视可能把你变傻

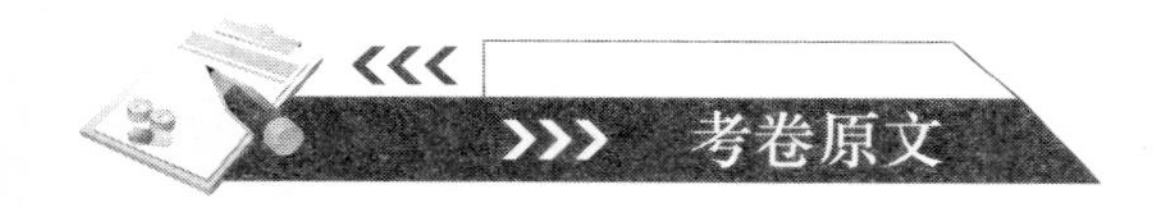

① 看电视几乎成为所有人每天的必修课。电视给人们带来大量资讯和娱乐的同时，也带来不少负面影响，如“谋杀”视力和时间等，这是许多人知道的。而电视可能会把你变傻，可能许多人还不太相信。

② 早有研究证明，电视对儿童的发育，包括生理和心理，有着不良影响，比如肥胖、认知能力差，甚至弱智、社交能力弱、孤僻、冷漠、崇尚暴力等。今天，新的研究又为电视的另一桩“罪行”提供了证据——如果沉溺于特定的电视节目，可能会变傻。

③ 纽约城市大学的研究人员，对289名70至79岁的老年女性进行了一项研究。结果显示，那些把脱口秀和肥皂剧当作最喜欢的电视节目的女性在记忆、注意力和精神敏锐性方面的得分，比同样年龄的选择其他类型电视节目的对照组女性要低得多。而且，这些女性还处于有多种精神疾病征兆的危险状态。比如，在测试项目之一上，与喜欢看电视新闻的女性相比，喜欢肥皂剧的女性表现的精神不良症状高出7倍多，而喜欢看脱口秀的女

性表现的精神不良症状高出13倍多。

④ 研究人员认为这个结果是严谨的，因为他们还考虑了受教育程度、种族、抑郁、心脏病史、高血压和糖尿病等不同因素对智力的影响。

⑤ 与此相反，许多研究已表明，一个人到了中老年，如果勤于用脑，反复复习所学的知识，在体育活动中反复练习动作，培养批评性思维，则可以增强神经细胞活性，同时增加突触（神经细胞之间联系）的数目和强度，由此预防痴呆。如玩文字游戏、阅读、旅游、体育活动以及挑战脑力的各种活动，能有效地锻炼大脑。

在日常的家居生活中，同样可以用各种方法来锻炼大脑，如做事的顺序“颠倒”——起床后先洗脸后刷牙、用平时不常使用的手刷牙、倒数数字等。

（摘自《健康报》2006年6月12日）

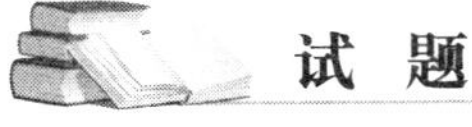

试 题

1. 指出文章说明的主要内容。文章标题中的“傻”是指什么？（均用文中的词句作答）

2. 指出文章主要运用的两种说明方法。

3. 文章第②中下划线的词“可能”可以删掉吗？为什么？

4. 除了文中提到的“沉溺于特定电视节目，可能会变傻”外，你认为我们青少年长期从事其他的什么活动也可能导致这一结果，仅举一例。

参考答案

1. 答：“傻”是指记忆、注意力和精神敏锐性方面的得分降低，有多种精神疾病征兆的危险状态，精神不良症状高出平常人7倍多。

2. 答：文章使用了举例和比较两种方法。举例说明可以化抽象为具体，使说明的内容具体清晰，通俗易懂，令人信服。举例是用对289名70至79岁的老年女性进行的研究来说明。比较是通过显示异同，突出特性，增强效果。文中的比较是用其他一些研究来对比，少看电视，相反勤于用脑，如玩文字游戏、阅读、旅游、体育活动以及挑战脑力的各种活动，能有效地锻炼大脑，防止变傻（痴呆）。

3. 答：不能。因为这只是一项研究的结果，表明沉迷电视可能让人智力和认知程度下降，这可能是适用于部分人，而不是代表全部人，而且研究的人数和此类研究还较少，并且是沉迷于特定的电视节目，所以只能说是可能，而不能肯定地说沉迷电视让人变傻。

4. 答：青少年长期沉溺于电子游戏也可能导致人“变傻”，因为这种活动与沉迷于电视一样对其他事情不闻不问，除了造成身体健康受影响外，如反应迟钝、血压升高、手脚麻木外，还会造成记忆力、理解力和认知能力降低，从而使学习成绩下降。

别让电视把你变傻

电视当然是这个时代影响人们生活的最重要的技术之一，如果说当今的人类生活在电视文化或电视时尚之中一点不为过。电视对人类的益处可圈可点，但是也别忘了，电视可能对人产生的负面作用。

过去早就有研究证明电视对儿童的发育，包括生理和心理，有着不良影响，比如，肥胖、认知能力差，甚至弱智、社交能力弱、孤僻、冷漠、崇尚暴力等。今天，新的研究又为电视的另一桩“罪行”提供了证据。老年人如果沉溺于特定的电视节目将会变得越来越傻，这个发现同样印证了老年性痴呆和预防的一个观点，不能让大脑停止思考和被动性地接受刺激，而应当进行主动性的刺激，如谈话、玩游戏、阅读等。

美国研究人员的一项研究发现，白天长时间看电视脱口秀（talk shows，谈话搞笑节目）和肥皂剧的老年女性在记忆、注意力和其他认知技能的测试中得分很低。当然，这并不意味着成天看电视会使大脑枯竭，因为两者还没有直接的关系，但是这个研究提示，沉溺于电视节目可能会让人逐渐变傻，尤其是老年人。

纽约城市大学布鲁克林学院的乔舒亚·福格尔（Joshua Fogel）博士等人对 289 名 70 至 79 岁的老年女性进行了一项究，让她们回答问卷和做标准认知测试题。这些女性没有患痴呆，也没有身体疾病。

结果显示，那些把脱口秀和肥皂剧当作自己最喜欢的电视节目的女性在记忆、注意力和精神敏锐性方面的得分比同样年龄的选择其他类型电视节目的对照组女性要低得多。而且，喜欢脱口秀和肥皂剧的女性还会处于有多种精神疾病征兆的危险状态。比如，在测试项目之一上，与喜欢看电视新闻的女性相比，喜欢肥皂剧的女性表现的精神不良症状要高出7倍多，而喜欢看脱口秀的女性表现的精神不良症状要高出13倍多。

福格尔主持的这项研究至少提供了两种有意义的线索。一是选择电视节目与认知功能之间的某种联系，二是由此可评价老年人认知功能的衰退。

福格尔认为他们的研究结果还不足以简单地认定是否脱口秀和肥皂剧等节目造成了人的智力低下，或是否智力处于下降边缘的女性易于受到这些节目的吸引。但无论如何，选择脱口秀和肥皂剧的确是造成智力下降的一个可怀疑的因素。研究人员也认为，医生可以通过询问老年人是否喜欢看脱口秀和肥皂剧来检查老年人是否有智力低下，甚至这是检查老年性痴呆的一项诊断要素，而且这个方法很简单。

对于这个研究结果，福格尔等人认为是严谨的，因为还考虑了受教育程度、种族、抑郁、心脏病史、高血压和糖尿病等不同因素对智力的影响。这一研究结果已发表在美国《南方医学杂志》。即使把上述所有因素考虑进去，看电视的习惯或选择不同的电视节目也与认知的高低有关。

比如，对于喜欢看脱口秀和肥皂剧有一种可能的解释，即所谓的“相似的社会关系”，指的是观看者感到与节目的角色或主持人有一种联系。而这类节目能更好地吸引有某些认知缺陷的老年女性的注意力。当然，这并不是说奥普拉（Oprah Winfrey，奥普拉·温弗丽，美国著名脱口秀主持人）节目对你是有害的，而是说老年女性喜欢这类节目是一种认知可能有麻烦的信号。

纽约阿尔伯特·爱因斯坦医学院的乔·弗格黑斯（Joe Verghese）博士也认为，询问病人看电视的情况和其他日常活动对评价他们的认知健康是非常有用的。当然，也不能把这类娱乐节目看得绝对无益，相反有时有利于智力功能，而且看电视还能帮助人们缓解精神压力。

福格尔等人的看脱口秀和肥皂剧与智力低下有相关关系的结论可能从老年性痴呆的产生得到证实。久坐不动、白天长时间看电视是老年人的一种生活方式，但是，如果在活动身体和社交上积极一些，可能会延缓智力衰退。

但是，到了中老年时候，如果一个人勤于用脑，反复复习所学的知识、在体育活动中反复练习动作、培养批评性思维，则可以增强神经细胞活性，同时增加突触（神经细胞之间联系）的数目和强度，由此预防痴呆的发生。

由于受过高等教育的人在这方面有经常的训练和活动，所以比没受过高等教育的人较少患老年性痴呆、或者丧失记忆。因此，玩文字游戏、阅读、旅游、体育活动以及挑战脑力的各种活动都能锻炼大脑，预防痴呆。另一个方面，少看电视也是预防老年性痴呆的重要因素，因为这会避免人们处于消极的用脑状态，而读书、谈话、游戏和体育活动、智力测验等是对大脑的积极刺激，因而可以让人更灵敏和智力活跃。

另外，为防止痴呆，除了少看电视外，老年人还应做一些挑战性的脑力活动，对大脑进行锻炼。比如，用平时不使用的那只手刷牙，走不惯常走的路，做事的顺序颠倒，如起床后先洗脸后刷牙，倒数数字等等。这些简单的方法会主动刺激大脑，让大脑更加敏捷，预防老年性痴呆的发生。

清水是最好的清洁剂

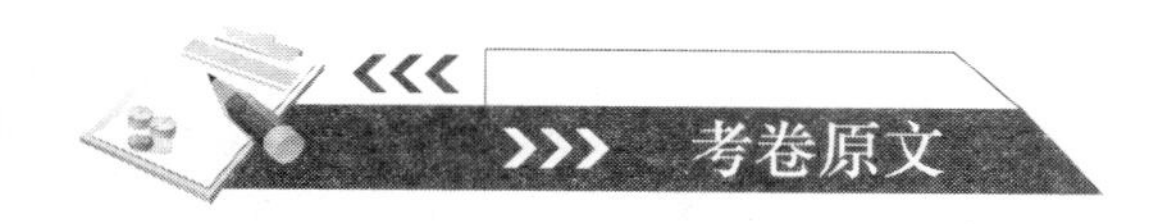

① 某名牌婴儿洁肤用品最近被曝检出有毒物质，引起公众特别是年轻母亲的不安。不负责任的制造商固然应该受到谴责和惩罚，然而消费者自身也有需要检讨的地方。

② 我国一位儿科皮肤科专家指出，婴幼儿的皮肤天生就会分泌具有清洁功能的油脂，所以小孩洗澡时尽量不用洁肤用品，用清水洗就行了——因为清水是最好的清洁剂。如果一定要使用洁肤用品，首先也要强调温和无刺激。专家的话道出了一个简单的道理，人尤其是婴儿自身有较好的清洁功能，洗澡用大自然恩赐的清水就足够了。

③ 使用洁肤用品必须适度，不然会反受其害。今天，不少人对于健康的理解是：住在清洁干净的城市和屋子内，没有细菌，一尘不染，吃消过毒的食物，喝消过毒的纯净水，使用经过抗菌处理的物品。然而，正是这种过度的保护，将人类的健康推向另外一种危险。

④ 使用产品直接导致中毒是一种危险，而过度保护造成的危险却被广泛忽视。例如，今天的日本是世界上最洁净的国家之一，不少日本人出现了“洁净嗜好症”。在日本，不仅厕所用品，连圆珠笔也使用抗菌材料。由于没有适宜的病原菌刺激机体的免疫功能，反而造成国民免疫力低下，日本人很容易就患上原虫和大肠菌引发的疾病。

⑤ 人需要与自然密切接触，包括接触各种微生物甚至是致病微生物。只有这样，才能激活和增强人体的免疫系统，抵御各种疾病。现代人对自身的过度保护，让自己人为地远离自然，结果就是受到自然的惩罚。

⑥ 哮喘、花粉症和过敏性皮炎等被称为文明病，在过去的西德增长最快。而与西德不同的是，东德的这类文明病发生率低很多。原因何在？经过调查发现，由于东德的卫生条件不如西德，环境污染也高于西德，因而东德的孩子们蛔虫等寄生虫的感染率高，结果他们体内的免疫球蛋白 E 也随之而升高，从而抑制了哮喘、花粉症和过敏性皮炎等疾病。

⑦ 人需要与自然全面接触，不能因为有致病菌和寄生虫等，就封闭自己或把微生物、寄生虫赶尽杀绝，它们是增强人类自身免疫力不可或缺的要素。保持一些所谓的“脏”，除了可以刺激和增强人类的免疫系统，同时还可以避免人工合成的化学产品造成的伤害。

⑧ 俗语说：“不干不净，吃了没病。”从某种意义上说，这话有它的合理之处，最近国外就有一项研究证实了这种说法。

（选自《羊城晚报》2009 年 4 月 6 日，有改动）

1. 第②段画线句子中“尽量”这个词不能去掉，为什么？

2. 结合文章内容解释第⑧段中“不干不净，吃了没病”这一说法的合理之处。

强生：过度保护的又一个例证

强生婴儿用品被曝检出有毒物质，旋即引起一阵恐慌，而且公众的不安与恐惧也在加剧，尤其是年轻母亲尤为担忧，生怕会给孩子带来什么长远影响或后遗症。质检部门也已介入调查，但在结果出来之前难以评判。不过，作为消费者自身也有值得检讨的地方。

对婴幼儿使用强生用品可能是一句广告语打动了父母们，“强生，因爱而生”。也许，对孩子的爱无论付出多少都是值得的，更何况是一种洗浴用品了。然而，正是这样的心理导致了在实际上对孩子的过分的爱，反而忽略了人体自身的能力。

首都儿科研究所皮肤科专家刘晓雁提出：小孩子要多洗澡，尽量少用卫浴产品，用清水洗就行。清水是最好的清洁剂。而且，婴幼儿天生就有皮肤分泌的油脂，这就是很好的清洁剂，如果使用护肤品，首先要强调温和无刺激。

专家的话道出的是一个最简单的道理，人自身尤其是婴儿有较好的清洁功能，即使需要常洗澡，也不必使用那些化工产品，用大自然恩赐于我们的清水就足够了。为孩子使用各种各类洗浴用品实际上是画蛇添足，反受其害。而今天的强生用品风波也许可以与此前的三鹿毒奶粉相提并论。很多母亲抛弃自然赋予人类最好最珍贵的婴幼儿食物——母乳，而改用配方奶粉，实在是捡了芝麻丢了西瓜，甚至“赔了夫人又折兵”。

当然，三鹿奶粉是确认有毒，而现在的强生用品还没有权威部门来确认是否有毒，但从报道的事实看，确实又添加了有毒物质甲醛，尽管强生指出甲醛的含量是在安全的范围。但是，甲醛过量和长期暴露于甲醛，肯定会导致婴幼儿皮肤过敏。

使用强生用品或其他用品，以及受到一些配方奶粉的毒害，也反映了一个现代生活的雷同问题，人类陷入过度保护的陷阱中，难以自拔。例如，最为明显的是过度医疗。

今天，人类在生活中把自己过分地保护起来。现代人对于健康的理解是，住在清洁干净的城市和屋子内，没有细菌，一尘不染，吃经过杀毒和食物，喝消过毒的纯净水，使用抗菌处理的物品。然而，这一切正如人们圈养家畜一样，人类是把自己“家畜化”了。这样的后果正如被圈养起来的动物，过度保护。然而，正是这种过度保护，包括对婴幼儿使用各式各样的卫浴产品、喝配方奶等，正是在把孩子推向另外的种种危险中。

让孩子可能中毒是一种危险，这已从三鹿毒奶粉得到验证。而另一种危险是，完全解除了人类自身在进化中生成和获得的天然免疫力。例如，今天的日本是世界上最洁净的国家之一，日本人甚至产生了“洁净嗜好症”。人们用的各种物品都是消过毒的，日本不仅是厕所用品，甚至连圆珠笔也使用抗菌材料。由于没有适宜的病原菌刺激机体的免疫功能，反而造成了国民的免疫力低下，因而日本人很容易患原虫和大肠菌引发的疾病。

人与自然的关系是，人与自然是一体或共存的。因此，我们需要与自然密切接触，包括各种微生物甚至致病微生物，如此，才能激活和增强人体内的免疫系统，抵御各种疾病。然而，正是现代人的过度保护让我们人为地远离了大自然，甚至与自然隔绝起来，使用各种卫浴产品也是把我们与自然隔离起来的一种方式。如此，则会受到自然的惩罚。

哮喘、花粉症和过敏性皮炎等被称为文明病，在历史上的西德增长最快。但是，与西德不同的是，东德的这类文明病发生率比西德低很多。原因何在？经过调查发现，由于东德的卫生条件不如西德，环境污染也高于西德，因而东德的孩子们蛔虫等寄生虫的感染率高，结果他们体内的免疫球蛋白 E 也随之而升高，因而抑制了患哮喘、花粉症和过敏性皮炎等疾病。

人需要与自然全面接触，不能因为有致病菌和寄生虫等就封闭自己或把微生物、寄生虫全部赶尽杀绝，因为它们是增强我们自身免疫力不可或缺的要素。同时，如果不用卫浴产品，甚至保持一些所谓的脏，却是对婴幼儿和成人的另一种恩惠，它可以刺激和增加我们的免疫系统，同时还可以避免人工合成的化学产品对人造成的不可避免的伤害。

（《羊城晚报》2009 年 4 月 6 日，原标题是“清水是最好的清洁剂”）

精神分裂症之谜

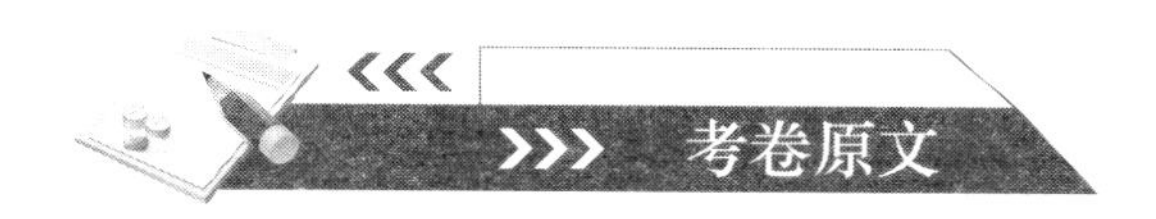

精神分裂症是指一个人的精神活动与行为之间的不协调和不一致，也就是精神活动脱离现实状况。精神分裂症有很多类型，如紧张型、偏执型、抑郁型等，而每一种都会伴有思维、情感和意志活动的障碍，并且可能给自己和他人造成危害。

遗传的原因是专业人员比较认可的。我国研究人员曾对过去1198例精神分裂症患者的54570名家族成员做过调查，患者家族中精神病患者比一般人群患病率高达6.2倍。家族性的基因传递是精神分裂症产生的重要内因之一。加拿大研究人员对一个家族的3代8个人患精神分裂症的研究发现，他们的第一号染色体与常人有较大差异。其他的研究也表明，第5、11、22和X性染色体异常与精神分裂症有关。北京安定医院研究人员对510例精神分裂症与240例正常人的对照研究也发现，精神分裂症的多巴胺D4受体基因中的重复分布在患者与正常对照者明显不同，患者组两次重复的基因型显著少于正常人。这提示D4受体两次重复是一种让人免患精神分裂症的保护性因素。

精神分裂症与大脑脑室的扩大和大脑体积的减少有关，而大脑的颞页受到损伤是患病的重要原因。在单合子（单卵）双胞胎中，患精神病的双胞胎与未患病的双胞胎比较，患病者的大脑中都呈现有较大的脑室和较小的颞叶。而且即使不是双胞胎，患病者的大脑总是比未患病的同胞姊妹的脑室大。更有意味的是，即使未患病者（患病者的同胞兄弟姊妹）其脑室也比健康者的脑室要大。

精神分裂症与其他精神疾病一样，也是环境、社会、文化、遗传和多种生物医学因素共同造成的，但是具体到各种精神疾病和心理问题，发病诱因所起的作用比例是不一样的。严重精神疾病如精神分裂症、狂躁抑郁性精神病等生物医学因素可能占70%左右，而社会、环境和文化因素则占30%左右。相反，比较轻的精神疾病或心理障碍则是生物学因素占30%左右，而社会、环境因素可能占2/3左右。

外界因素对精神分裂症的产生也有重要作用。心理学的理论把人在社会生活中的种种事件看成是应激源，而不良事件（不良应激源）对心理的刺激最大，因此常常引发一系列应激反应，如果一个人在一定的时间内多次经受不良事件的应激，或者说接受的应激事件不多，但非常强烈，便会出现种种心理障碍和心理疾病，严重者就是精神分裂。

预防患精神分裂症，最基本的做法是要学会自我调适，只有善于自我调适或接受调适的人，才有可能做到精神健康或较少受到心理疾病的困扰。

（选自《文汇报》，有删节）

试 题

1. 下列不属于精神分裂症患病因素的一项是（　　）

A. 患者的第一号染色体与常人有较大差异。

B. 患者的第 5、11、22 和 X 性染色体与常人不同。

C. 患者的多巴胺 D4 受体两次重复分布高于正常人。

D. 患者的大脑脑室较常人为大而颞叶较常人为小。

2. 下列对有关原文意思的叙述正确的一项是（　　）

A. 每一种精神分裂症都可能伴有思维、情感和意志活动的障碍，而且会给自己和他人造成危害。

B. 我国研究人员曾对过去精神分裂症患者的 1198 位家族成员做过调查，患者家族中精神病患者是一般人群患病率的 6.2 倍。

C. 一个人只有在一定的时间内频繁经受不良事件的应激，或者说接受的应激事件不多但非常强烈才有可能患精神分裂症。

D. 在严重的精神疾病如精神分裂症发病诱因中生物医学因素所起的作用大，比较轻的精神疾病则社会、环境因素起的作用大。

3. 根据原文内容，下列推断正确的一项是（　　）

A. 人在社会生活中的不良事件是导致精神分裂症的应激源，而一些喜事乐事带给人的是喜悦幸福，则不能算作应激源。

B. 精神分裂症是环境、社会、文化、遗传和多种生物医学因素共同造成的，所以要减少精神分裂症患病率要从内因外因两方面努力。

C. 随着科技的发展和研究的进步，我们将逐步揭开精神分裂症的面纱，最后一定能够达到彻底消灭精神分裂症。

D. 家族性的基因传递是精神分裂症产生的罪魁祸首，一个人如果家族中没有致病基因，就可以远离该病的困扰了。

参考答案

【题 1】C（第 2 段末尾交代：D4 受体两次重复是一种让人免患精神分裂症的保护性因素）

【题 2】D（A 项，错在“每一种精神分裂症都可能伴有思维、情感和意志活动的障碍”的表述，由第 1 段“每一种都会伴有思维、情感和意志活动的障碍”可知，不是“可能”，而是“一定”。B 项，错在“精神分裂症患者的 1198 位家族成员做过调查”的表述，应为“1198 例精神分裂症患者”。C 项，关系表述不对，这只是易患病的一种因素，而不是唯一因素）

【题 3】B，这是从病发原因的合理推断（A 项，错在“一些喜事乐事带给人的是喜悦幸福，则不能算作应激源”的表述，根据原文，社会生活中的种种事件都被看成应激源。C 项，“一定”的说法太绝对。D 项，除了家族原因还有别的原因。）

作者原文

精神分裂：人类尚无法解开的自身奥秘

早在上一个世纪，瑞士心理学家荣格就指出，心灵的探讨必将成为一门十分重要的学问，因为人类最大的敌人不是灾荒、饥饿、贫困和战争等，而是我们的心灵自身。而在人类自身的心灵疾病中，精神分裂是最为严重的疾病之一。直到今天，人类还无法解开精神分裂症的谜团。

精神分裂是个什么东西?

28岁的陈群是北京某研究所的助理研究员。他有一个漂亮的女朋友，而且已经到了谈婚论嫁的阶段。新房和家具都买好了，也布置得像模像样，就等着结婚仪式了。然而，在结婚前几天，陈群发现女友背着他把单位的一位男同事带进了他们的新房。陈群敲门，女友拒不开门。陈群在门外苦苦等了一夜，第二天早晨发现了女友与他人的苟且之情。愤怒的陈群抽打了女友一记耳光后宣布与其断绝关系。

一周后，陈群在上班时间举起了刀子，将本单位的近十名同事刺成轻伤和重伤。在把陈群送到医院治疗时，医生对其问诊为什么要刺伤他人，陈群说，他们都想害我，还想与我的妻子睡觉。医生得出结论，陈群受到强烈不良刺激而患精神分裂症。刺伤人时，陈群正是发病时，因而不负有责任能力。

顾名思义，精神分裂症是指一个人的精神活动，如思维、情感与行为之间的不协调和不一致，也就是精神活动脱离现实状况，即“精神分裂”。陈群是因为婚恋受到严重刺激，就误认为他的同事也对他妻子（女朋友）有不轨之心或行为，因而把他人当成敌人，采取激烈行动进行阻止或报复，这就是典型的精神、思维与现实的真实情况相脱离和违背，也就是精神分裂。

精神分裂症分很多类型，如单纯型、青春型、紧张型、偏执型、抑郁型等，而每一种情况都会伴有思维、情感和意志活动的障碍，并且可能给自己和他人造成危害。

近几年来，中国精神卫生状况调查透露，中国人的精神疾病发病率为15‰左右。全国有严重精神疾病患者约1600万，约每60个中国家庭就有一人患精神分裂症。

精神分裂症在人类心理疾病中占有重要的位置，目前，人类常见的心理疾病或心理障碍依次为：抑郁、焦虑、神经衰弱（失眠）、强迫症、癔症、人格障碍（偏差）、自杀，严重的心理疾病就称为精神疾病，如精神分裂症、躁狂抑郁性精神病等。

原因之一：遗传因素

为什么好端端的人会得精神分裂症？可以说，这个问题超过人类今天的认知水平。尽管研究人员进行了多方面的探讨，但对精神分裂症的认识还是只限于皮毛。

遗传的原因是专业人员比较认可的。我国研究人员曾对过去 1198 例精神分裂症患者的 54570 名家族成员做过调查，患者家族中精神病患者比一般人群患病率高达 6.2 倍。遗传的本质必然要体现到基因的传递上来，也就是说通过家族性的基因传递，在有精神病患者的家族中，发现了多种精神分裂症的基因，这正是精神分裂症产生的重要内因之一。

比如，加拿大研究人员对一个家族的三代 8 个人患精神分裂症的研究发现，他们的第一号染色体与常人有较大差异。其他的研究也表明，第 5、11、22 和 X 性染色体异常与精神分裂症有关。北京安定医院研究人员对 510 例精神分裂症与 240 例正常人的对照研究也发现，精神分裂症的多巴胺 D4 受体基因中（一个有 48 个碱基对的片断）重复的分布在患者与正常对照者之间有明显不同，患者组两次重复的基因型显著少于正常人。这提示 D4 受体两次重复是一种让人免患精神分裂症的保护性因素。

此外，人体血液和大脑中的多种化学物质也与精神分裂症有关。2000 年诺贝尔医学或生理学奖获得者之一卡尔松的研究证明，人的大脑中有一种神经递质（即化学物质）叫多巴胺，它与其他神经递质相互作用对精神分裂症的发病起到了重要作用。位于大脑基底神经节上的多巴胺如果过多，会引起人动作过快过多，手舞足蹈，精神亢奋，幻想、躁狂，控制不住自己的行为，严重者便可患精神分裂症。对这一理论的证明是，如果利用利血平治疗精神分裂症则会取得效果。因为利血平是一种天然生物碱，它能够减少储存于神经元突触前膜中的多巴胺。

原因之二：大脑结构和X染色体

精神分裂症与大脑脑室的扩大和大脑体积的减少有关，而且大脑的颞中页受到损伤是患病的重要原因。用磁共振成像技术对大脑的分析和调查精神病患者的家庭发现，在单合子（单卵）双胞胎中，患精神病的双胞胎与未患病的双胞胎比较，患病者的大脑中都呈现有较大的脑室和较小的颞叶。而且即使不是双胞胎，患病者的大脑总是比未患病的同胞兄弟姊妹的脑室大。

更有意思的是，有患病者的家庭中，即使未患病者（患病者的同胞兄弟姊妹）其脑室也比健康者的脑室要大。而且在年仅10岁的女性精神分裂症患者大脑中也发现了脑室的扩大。

美国的研究人员还用磁共振成像技术对两种人的大脑结构进行了研究对比。一种人是亲属有初次发病的精神分裂症、年龄在16-25岁的高危人群，另一种人是无病的正常人（正常对照者）。结果表明，高危人群左大脑中的左海马－扁桃体的体积大于正常对照者，而且也大于有精神分裂症的亲属。

对大脑的形态结构的研究还发现了精神疾病新的生物医学因素。例如，正常人的大脑结构具有侧化现象，即某一大脑半球较大，而另一半球较小。但精神分裂症患者的大脑却存在去侧化现象，即左右大脑半球比较对称。另一方面，精神分裂症患者的尾核、杏仁核、壳核和纹状体等有增大的趋势。

不仅仅是精神分裂症，其他不明确的精神疾病和行为异常（包括纵火、性暴力、露阳和露阴癖等）明显与X染色体上基因突变有关。X染色体上的某些基因是为单胺氧化酶（MAOA）编码的，而MAOA则是使多巴胺、去甲肾上腺素、5-羟色胺代谢的化学物质。多巴胺、5-羟色胺等参与大脑神经信号的传递。如果X染色体上的基因突变，不能为MAOA编码，人体中就缺少MAOA，其大脑中的神经递质即多巴胺、5-羟色胺等便无法参与神经信号的传递，也就会出现神经行为异常，如精神分裂症。

多种因素的综合

不过，精神分裂症与其他精神疾病一样，也是环境、社会、文化、遗传和多种生物医学因素共同造成的，但是具体到各种精神疾病和心理问题，发病诱因所起的作用比例是不一样的。

严重精神疾病如精神分裂症、躁狂抑郁性精神病等生物医学因素可能占70%左右，而社会、环境和文化因素则占30%左右。相反，比较轻的精神疾病或心理障碍，如抑郁、焦虑、失眠等则是生物因素占30%左右，而社会－环境因素可能占2/3左右。

但是，对于许多我们尚未明了的精神疾病和心理障碍，也许生物和社会两大因素是对等的，而且是相互交叉、相互渗透和互为因果、互为表里的。比如，大脑结构异常或某些细胞的凋亡既可以是精神分裂症的诱因，也可能是在某种环境（噪音、失去父母、经受大地震或类似“9·11”大灾难）下长期生活的结果。

当然，从外因的条件来看，外界因素对精神分裂症的产生也有重要的作用。比如上面陈群患精神分裂症，就是因为其女友在婚恋中对他的背叛。所以心理学的理论就把人在社会生活中的种种事件看成是应激源，而不良事件（不良应激源）对心理的刺激最大，因此常常引发一系列应激反应，如果一个人在一定的时间内多次经受不良事件的应激，或者说接受的应激事件不多，但非常强烈，如失去亲人、长期失业、蒙受冤屈身陷囹圄、失恋、离婚等等，便会出现种种心理障碍和心理疾病，严重者就是精神分裂。

而且，在现代社会中，各类新的应激源还在源源不断地产生，刺激着人们。比如，都市化带来的所有不利因素，拥挤、噪音、环境污染、交通堵塞；社会转型期对生存技能要求的提高和转变，生存空间的缩小，竞争激烈；人际关系的复杂、婚姻家庭的矛盾加剧等都是造成现代社会心理障碍和精神分裂症的诱因。

怎么办?

要预防患精神分裂症和其他精神疾病，我们可以在内因和外因方面努力。而对于每个人来说，最基本的做法是，“摘够得着的苹果”。

这句话的含义是，要学会自我调适，做自己力所能及或通过努力可以做到的事情。只有善于自我调适或接受调适的人，才有可能做到精神健康或较少受到心理疾病的困扰。

用美国神学家尼布尔博士的话来说便是：祈求上天赐予我平静的心，接受不可改变的事；给我勇气，改变可以改变的事；并赐予我，分辨此两者的智慧。尼布尔所说的“不可以改变的事”即是“失败”，而“可以改变的事”则是“成功”。为了构筑我们自己温馨而宁静的心灵港湾，就需要有分辨“此两者”的智慧，这种智慧有时则不必需要上天，而是需要依靠自我，或借助于他人、心理大夫的帮助。比如上文的陈群，如果女朋友不爱自己了，那就让她走自己的路，投入了感情当然会伤心，但感情的事不必勉强，更何况天涯何处无芳草?

同时，心理医生也提出，要做到心理（精神）健康，免患精神分裂症或其他精神疾病，有三个标准。一是体验标准，即心情良好和自我评价恰当；二是操作标准，即要有较好的工作、学习效率和良好的人际关系；三是发展标准，即具有向较高水平发展的理想或可能性，而且能实现这种理想和可能性。实际上，在前两者的基础上，这后一条标准便是去摘够得着的苹果。

第Ⅲ部分

科学文化与行为

本章的6篇入选全国中、高考和初、高中语文试卷的文章都是关于科学文化的内容，既有对人类命运的思考，又有探寻人类语言起源发展之谜的课题，还有寻觅人类行为与灾难的关系的文章，以及思考人类技术的发展，如人工智能的发展是否会让人类陷于不利境地的内容。

这些内容入选各类试卷既反映了今天语文学习的广阔视野也体现了广博的知识和阅读既是考试获得高分的必由之路，又显示了人类探索未来、以有知战胜无知的不懈追求，同时说明了科学与社会和人文相结合是人类精神演化的重要方向，也是创新的基础。

“世界末日”的梦魇与现实

所谓的“世界末日”——地球会彻底毁灭，这并非完全源于玛雅预言，而是综合了古代和现代多种文化和宗教传说而产生的。墨西哥碑铭专家欧布莱孔·克莱林曾表示，玛雅人从未预测“世界末日”，他们留下的文字记载有1万多条，其中只有一条谈到2012年，而且这段文字的真实含义是：人们将经历187.2万个日子来到2012年12月21日，这一天，神将从天而降。就连现代玛雅人、危地马拉的玛雅长老皮克顿也表示，他们所说的2012年，指的是人类在精神与意识方面的觉醒及转变，从而进入新的文明。

尽管科学家、文化学者和玛雅人都否认“世界末日”之说，但有电影《2012》的推波助澜，加上最近世界上发生的种种巨大的自然灾难，这一切都不时地让人们对“世界末日”的到来产生一种迫近感。

以2012年发生的日本大地震为例，震级为里氏9级，大地震引发海啸，导致福岛核电站核泄漏，其场景不由得令人想起末日的景象。作为最难以预测和控制的自然灾害，地震造成的伤亡往往犹如世界末日的来临。历史上，1556年1月23日，中国陕西华县发生8.0级大地震，死亡人数达83万余人。地震有感范围波及了大半个中国，这是迄今人类有历史记载的死亡人数最多的一次地震。

人类经受的灾难不只是地震，美国“卡特里娜”飓风、印度洋大海啸等灾害都触目惊心。而重大疾病的迅速传播和流行同样是人类面临的巨大灾难。

“世界末日”其实一直是人类梦魇和现实的复合体，人类在面临无法征服的疾病和难以避免的巨大自然灾害时，尤其如此。历史上曾有过三次鼠疫大流行，每次都夺走了数千万乃至上亿人的生命。其中，第二次鼠疫的大流行，使得每三名欧洲人中就有一人死亡，当时的欧洲人认为那就是“世界末日”的到来。

而有些研究人员从“世界末日”的预言引申出了比较靠谱的种种巨大灾难的诱因：气候变暖、机器人进攻、核战争和核灾难、全球性流行病大爆发、行星撞击地球等。

为了避免各类自然灾害及人为灾难让人类陷入“世界末日”，挪威政府投资建造了一个巨大的“末日种子库”。这个种子库在距离北极点约1000千米斯瓦尔巴群岛的一处山洞中，可储存450万种约20亿粒主要农作物的种子样本。该种子库也堪称全球最安全的基因储存库，其安全性堪比美国国家黄金储藏库，甚至可以抵御地震和核武器。

建造“末日种子库”，只不过是人类因气候变化可能造成大灾难的一种“备份”做法。真正防范“世界末日”的做法应当是，减少自身的温室气体排放、削减和销毁核武器、严格保证核能的和平利用、研究防范小行星撞击地球的科学预警和预防措施等。

以核武器和核事故为例，早在多年前，科学家就计算出，美、俄等国家研制的核武器足以毁灭地球三四次。即使是没有核战争，如果没有安全保障，人类和平利用核能也处于巨大的毁灭性危机中，苏联切尔诺贝利核电站事故和日本福岛核电站事故就是先例。

据国际原子能机构统计，目前全球有450个核电站，而人们对核电站产生的乏燃料尚无法妥善处理，这些核电站和它们的乏燃料就构成了一个巨大的危险因素。如果不能保证核电站的安全，人类就可能处于巨大灾难甚至“世界末日”的威胁之中。

所以，“世界末日”并非只是个“传说”，但锁紧“世界末日”大门的钥匙最终还是掌握在人类自身的手中。

（选自《中国新闻周刊》2012年第1期，有改动）

试题

1. 下列各项中，“世界末日”的内涵与其他三项不同的一项是（　　）
   A. “世界末日”其实一直是人类梦魇和现实的复合体，人类在面临无法征服的疾病和难以避免的巨大自然灾害时，尤其如此。
   B. 墨西哥碑铭专家曾表示，玛雅人从未预测“世界末日”，他们留下的文字记载有1万多条，其中只有一条谈到2012年。
   C. 其中，第二次鼠疫的大流行，使得每三名欧洲人中就有一人死亡，当时的欧洲人认为那就是“世界末日”的到来。

D. 为了避免各类自然灾害及人为灾难让人类陷入“世界末日”，挪威政府投资建造了一个巨大的“末日种子库”。

2. 下列各项中，属于“让人们对‘世界末日’的到来产生一种迫近感”原因的一项是（　　）

A. 目前全球有 450 个核电站，而人们对核电站产生的乏燃料尚无法妥善处理，这些核电站和它们的乏燃料就构成了一个巨大的危险因素。

B. 历史上，1556 年 1 月 23 日，中国陕西华县发生 8.0 级大地震，死亡人数达 83 万余人。地震有感范围波及了大半个中国。

C. 历史上曾有过三次鼠疫大流行，每次都夺走了数千万乃至上亿人的生命。其中一次鼠疫的流行，使得每三名欧洲人中就有一人死亡。

D. 2012 年发生的日本大地震，震级为里氏 9 级，大地震引发海啸，导致福岛核电站核泄漏，其场景不由得令人想起末日的景象。

3. 下列表述不符合原文内容的一项是（　　）

A. 挪威政府投资建造了一个巨大的“末日种子库”，可储存 450 万种约 20 亿粒主要农作物的种子样本，这虽不能阻止却能避免各类自然灾害及人为灾难让人类陷入“世界末日”。

B. 尽管科学家、文化学者和玛雅人都否认“世界末日”之说，但因为电影《2012》的宣传、种种巨大的自然灾难的发生、重大疾病的迅速传播和流行等，仍让人觉得“世界末日”犹存。

C. 玛雅人从未预测“世界末日”，但古今的玛雅人确实都说过“2012 年”将是一个特殊的年份，或者神将从天而降，或者人类在精神与意识方面觉醒、转变，从而进入新的文明。

D. 如果没有安全保障，人类和平利用核能也处于巨大的毁灭性危机中，因为无论是核电站发生事故，还是核电站产生的至今无法妥善处理的那些乏燃料，都将成为巨大的危险因素。

参考答案

1.A(A项，“世界末日”是指地球会彻底毁灭，B项、C项、D项中的“世界末日”这是指人类梦魇和现实的复合体，多是人类面临无法征服的疾病和难以避免的巨大自然灾害的发生日。)

2.A(根据原文，“让人们对‘世界末日’的到来产生一种迫近感”的是“最近世界上发生的种种自然灾难”，应是A项;B项、C项，非最近发生；D项，是未来的事。)

3.C(C项，“能避免……”是肯定性的判断，而原文是可能性的判断。)

作者原文

“世界末日”的梦魇与现实

现在，全球已经出版了1000多本关于2012末日论的书籍，还有众多的世界末日网站进行世界末日论的传播。而且伴随着美国科幻大片《2012》的全球演播，世界末日已经成为一些人心灵的重负。因此，踏入2012年的门槛，不少人可能都自觉不自觉地有一种担心：2012年是“世界末日”的预言是否会噩梦成真?

“世界末日”预言的由来与真相

在好莱坞灾难大片《2012》中，玛雅人预言在2012年12月21日，第五个太阳纪来临，太阳会消失，大地剧烈摇晃，地球会彻底毁灭，所以也称为玛雅预言。

玛雅预言究竟源自何时何人，迄今并不知晓，但是玛雅人的一部著作透露了端倪，即《克奥第特兰年代记》。《克奥第特兰年代记》中记载的玛雅预言显示，人类现在生活的时代是属于预言中第五个太阳纪，而之前的四个太阳纪已过，每一个太阳纪完结之时，就会出现大灾难。

第一个太阳纪名为马特拉克堤利（MATLACTILART），代表根达亚文明，其结束之时洪水淹没大地；第二个太阳纪名为伊厄科特尔（EHECATI），代表米索不达亚文明，是被“风蛇”狂吹所灭；第三个太阳纪名为托雷奎雅维（TLEYQUIYAHUILLO），代表穆里亚文明，是天降大火使其灭亡；第四个太阳纪名为宗德里里克（TZONTLILIC），代表光的文明，是“火雨”肆虐而致其灭亡。而第五个太阳纪结束的时间是2012年12月21日，这时，太阳会消失，地球会彻底毁灭。所以这个日子也就是“世界末日”。

然而，美国国家航天航空局（NASA）月球科学研究所、埃姆斯研究中心主任大卫·莫里森认为，所谓的世界末日起始于一个假象的行星尼比鲁（Nibiru），是苏美尔神话中的神，在苏美尔语里是“渡船”之意。但是，在天文界是一颗不存在的假想行星。苏美尔人认为它最终会撞击地球，而且在玛雅预言中也提到了这颗星，称该星球会引起地球毁灭。这个灾难发生的日期最初被认为是2003年5月，但是事实证明，那一天什么也没发生，所以这个“末日”的时间又被推迟到了2012年12月21日。然而，事实上，所谓的“末日”只是如尼比鲁一样，是一种假象或传说。

当然，还有研究人员认为，“世界末日”并非起源于玛雅文化，而是来自克里斯托弗·哥伦布和圣方济各传教士。美国堪萨斯大学人类学家、研究玛雅文化的学者约翰·胡普斯等人认为，16世纪早期，欧洲人将占星学与《圣经》上的预言相结合，对新千年进行解释。哥伦布认为，他发现世界上“最遥远的土地”将导致西班牙重新征服耶路撒冷，从而实现《圣经》的《启示录》中描述的世界末日时发生的种种事件。对此，哥伦布写了《预言书》，书中记述了1502年他与一名玛雅族长的一次对话。这一内容引起了早期探险家和传教士的猜测，便把2012年12月21日预测为“世界末日”。

可以看出，所谓的“世界末日”并非完全源于玛雅预言，而是综合了古代和现代世界多种文化、宗教和传说而产生。今天，许多研究人员对世界末日预言的产生和真相给予了多方澄清。例如，墨西哥碑铭专家欧布莱孔·克莱林表示，玛雅人从未预测世界末日。玛雅人留下的文字记载有1万多条，其中只有一条谈到2012年，而且这段文字的真实含义是：人们将经历187.2万个日子来到2012年12月21日，这一天神将从天而降。有人据此猜测那天将是世界末日，但实际上玛雅人从未预测过世界末日。

玛雅文化研究专家、美国科尔盖特大学考古天文学家安东尼·阿维尼也认为，玛雅预言中关于2012年12月21日是世界末日的说法是一种误解。那一天是玛雅历法中重新计时的“零天”，表示一个轮回结束，一个新的时代的开始，并非指世界末日。因为，在玛雅历法中，187.2万天算是一个轮回，即5125.37年。而玛雅人曾经发明了所谓的长历法，这种历法把最初的计算时间一直追溯到玛雅文化的起源时间，即公元前3114年8月11日。根据长历法的计时，到2012年冬至时，就意味着当前时代的结束，完成了5125.37年的一个轮回。长历法会重新开始从“零天”计算，又开始一个新的轮回。

就连玛雅人也否认“世界末日”源于玛雅人的预言。例如，玛雅长老皮克顿表示，末日理论源于西方，玛雅人从来没有过这类想法。玛雅人所说的2012年指的是人类在精神与意识方面的觉醒及转变，从而进入新的文明。

对多种灾难的阐释

尽管科学家、研究人员和玛雅人否认“世纪末日”之说，但是通过好莱坞电影《2012》的推波助澜和根据人类饱受自然灾难的侵袭而编造的情节，加上人类社会发生的种种灾难似乎也在印证“世纪末日”说，因此，这一预言仍然影响到了很多人。

2011 年 3 月 11 日，日本发生 9 级大地震并引发海啸，同时导致福岛核电站核泄漏，导致了巨大灾难。灾难发生之时的场景也正如世界末日的景象，海啸袭来，房屋被冲走，汽车被卷没，行人更如草芥一般软弱无力，被惊涛骇浪吞没。迄今日本地震死亡人数已经超过了 1.5 万人，另外还有 9506 人失踪。两者合计遇难者为 24525 人。因大地震和核泄漏问题而避难的灾民还有 115500 人，分散在日本全国 18 个都道府县的 2425 个避难所。在此之前的 2008 年，中国汶川大地震也夺走了 69227 人的生命，374643 人受伤，失踪 17923 人。

人类经受的灾难不只是地震，还有更早的美国“卡特里娜”飓风、印度洋大海啸等等灾害。此外，人类所面临的极端天气和灾害还有暴风雪、干旱、洪水、泥石流、火山喷发等自然灾害。而且，重大疾病迅速传播和流行同样是人类面临的巨大灾难。例如，海地从 2010 年 10 月爆发霍乱至今，疫情仍在蔓延，难以阻遏，新增病例和死亡人数不断增加。迄今海地已有 45.57 万人患上霍乱，其中 6435 名患者死亡。尽管国际社会已经向这一加勒比岛国捐赠霍乱防治资金 1.07 亿美元，但霍乱疫情一直未得到有效控制。

如果再把眼光放到人类更长远的历史，“世界末日”其实一直是人类的一个梦魇和现实的集合体，尤其是在人类在面临无法征服的疾病和难以避免的自然灾害面前。例如，人类历史上有过三次鼠疫大流行。公元 6 世纪，鼠疫第一次世界大流行，夺去了一亿人的生命。全球第二次鼠疫大流行是1347～1351年期间流行于欧洲的鼠疫，造成了3000万～5000万人死亡。从19世纪到20世纪四五十年代，产生了第三次世界鼠疫大流行。这次鼠疫大流行又夺去全球1500万人的生命。而1347～1351年的鼠疫流行使得每三名欧洲人中就有一人死亡，当时欧洲人就认为那是“世界末日”的到来。

当然，面对地震造成的伤亡，也会让人感到世界末日的来临。例如，1556年1月23日，中国陕西华县发生8.0级大地震，死亡人数达83万余人。地震有感范围达15个省（区），200多个县，波及了大半个中国。这是迄今人类历史记载中死亡人数最多的一次地震。而1976年7月28日，中国唐山7.8级大地震，造成20世纪世界地震史上最悲惨的一幕，死亡242769人，重伤164851人。身临其境并劫后余生的人在回忆中都会说，那情景就像是世界末日。

不过，所谓的玛雅预言的“世界末日”还提出了其他一些理由，其中最引人注目并似乎有理的是三种说法，“地球磁极反转导致世界末日来临”“九星连珠使地球毁灭”和“太阳风暴袭击导致人类灭亡”。然而，科学家从不同的专业和研究结果予以了解释。

“地球磁极反转说”认为，2012年将发生地球磁极倒转，会导致地球的外壳发生更多的火山喷发、地震，届时地球磁场消失，地球暴露在宇宙射线、太阳粒子辐射下，将会对地球上的生物和人类造成毁灭性打击。然而，地球物理专家认为，在过去的7800万年中地球磁场共出现了171次倒转，最近一次磁场倒转大约发生在78万年前。迄今，人类还没有发现磁极颠倒会给地球上的生物带来灭绝性灾难。地球磁场是一个弱磁场，一般地区的地表磁场平均强度只相当于一块普通磁铁的1%左右。一块磁铁尚且不会对人类的生活产生影响，更不用说微弱的地磁了。

“九星连珠说”则认为，2012年可能会出现太阳、地球、行星连成直线的现象，太阳在天空中的线路将会穿过银河系的中心，会让地球处于更强大的未知宇宙力量的牵引，加速地球毁灭。然而，天文学家和天体物理学家李旻表示，2012年以及未来几十年内并不会出现行星排成一条直线的情况。每年冬至时，从地球上看，太阳就像是位于银河系的中央，这只是正常的天文现象，不会造成地球引力、太阳辐射、行星轨道的变化。而且，早在1982年就曾经出现过九星连珠现象，却没有出现过什么灾难性的事件。

“太阳风暴说”认为，地球在2012年将遭遇历史上最强的超级太阳风暴，太阳发出的高能量粒子影响地球磁场，引发大灾难。然而，天体物理学家和天文学家认为，太阳风暴是指太阳黑子活动高峰阶段的剧烈爆发活动，通常每隔11年就会进入一个太阳风暴的活跃期。生命现象与太阳系的时间相比，是非常短暂的。目前太阳爆发活动的强度，还不至于冲破地球大气和磁场的保护并对地球的生命构成致命威胁。不过，强太阳风暴可能对人类所依赖的高技术系统会带来影响。

即使从地球的寿命来看，世界末日论也不过是一种无稽之谈，因为研究人员推算地球的寿命至少是100亿年，目前地球存在46亿年，正方兴未艾。

从巨大灾难到“世界末日”

尽管“世界末日”说是一种无稽之谈，但是，这种说法的出现和蔓延其实也有其正面的意义，因为，人类不顾自然规律的种种活动和行为确实导致了多种灾难的发生。如果人类任由自己不顾客观规律的种种活动而造成的灾难发生和累积，就会从小灾变为大灾，最后汇集或裂变成毁灭自身和其他生物的灾难。这或许就是一种世界末日。

因此，有些研究人员从玛雅预言引申出了比较靠谱的种种巨大灾难的诱因，包括气候变暖、机器人进攻、核战争和核灾难、全球性流行病大爆发、行星撞击地球等。其实，这些情况通过人类的努力和科研成果，以及遵循自然和社会规律，都可以避免。

为了避免全球气候变暖、核战争、恐怖主义等各类自然灾害及人为灾难而让人类陷入“世界末日”，挪威政府建造了一个“末日种子库”。这个种子库距离北极点约1000千米的挪威斯瓦尔巴群岛的一处山洞中。这个种子库可储存450万种约20亿粒主要农作物的种子样本。现在，约1亿粒世界各地的农作物种子已被保存在零下18摄氏度的这个种子库的地窖中。该种子库也堪称全球最安全的基因储存库，其安全性堪比美国国家黄金储藏库，甚至可以抵御地震和核武器。

建造“末日种子库”只不过是人类因应气候变化可能造成大灾难主的一种“备份”做法。但是，真正防范“世界末日”的做法应当是，减少自身的温室气体排放、削减和销毁核武器、严格保证核能的和平利用、研究防范小行星撞击地球的科学预警和预防措施等等，这才能使人类生存的地球这个诺亚方舟得以保持安全和宁静，并有利于人类生存和可持续发展。

以核武器和核事故为例，显然，核战争和核事故足以毁灭人类。早在多年前，科学家就计算出，美、俄等国家研制的核武器足以毁灭地球三四次。即便是没有核战争，如果没有安全保障，人类和平利用核能也处于巨大的毁灭性危机中。例如，苏联切尔诺贝利核电站事故和日本福岛核电站事故。

切尔诺贝利核电站于1986年4月26日凌晨1时26分爆炸。多年后，环境保护组织绿色和平于2006年4月18日发表报告称，除了白俄罗斯、乌克兰和俄罗斯之外，放射性尘埃污染了英国约34%的土地。这些地方包括英国的374个农场，覆盖了750平方公里，以及20万头羊。而在整个欧洲约有3.9平方千米的区域受到污染。切尔诺贝利核灾难导致27万人患癌，因此而死亡的人数达9.3万。而且，切尔诺贝利核事故对人类的长期影响还难以消除。

2011 年 3 月 11 日，日本本州岛东北部宫城县以东海域发生 9 级特大地震。随后，福岛第一核电站 1 ～ 4 号机组相继发生爆炸和燃烧，产生核泄漏，事后福岛核泄漏被定为同切尔诺贝利核事故一样的最高级 7 级。迄今，福岛核事故对人、生物和环境的影响还在评估中，而且很多影响，如致癌致畸和基因突变的产生要经历很长时间才能看到。

而且，据国际原子能机构统计，目前全球核电站有 450 多个，其中美国、法国和日本占据前三名，分别有 103 个、59 个和 55 个。这些核电站的安全性和其产生的乏燃料都是巨大的危险因素和庞大的潜在危害。不仅中国，世界其他有核电站的国家对核电站产生的乏燃料都并未妥善处理，为将来埋下了隐患。

所有这些，向世界各国敲起了警钟，如果不能保证核电站的安全，人类就可能处于巨大灾难甚至“世界末日”之中。现在，德国已经表示将放弃核能，转而寻找更为安全和有效的能源，如太阳能。

所以，“世界末日”对人类和地球也并非没有可能，但关闭“世界末日”大门的钥匙掌握在人类手中，就看人类如何使用了。

追寻人类共同的“母语”

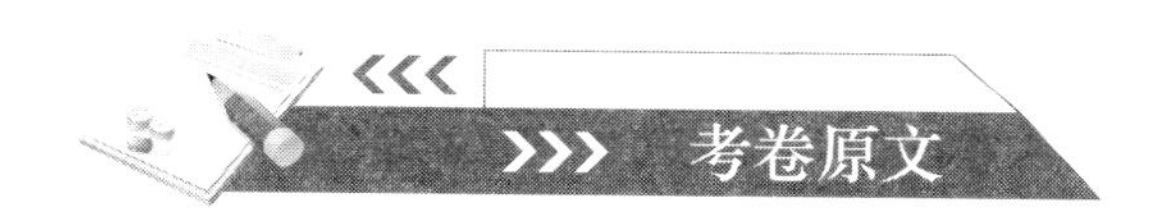

大脑对语言的驾驭至少通过两个中枢：一个是语言运动中枢，能指挥发音器官说出不同的语句；另一个是语言理解（阅读）中心，能理解他人所说的话，以及阅读并理解书面语言。这两方面构成语言能力的生物学基础，它必然与遗传和基因有关。

人类第一个“语言基因”是英国牛津大学威康信托人类遗传学中心的安东尼。摩纳哥和西蒙·费希尔研究小组发现的，其研究成果发表在2001年10月4日的《自然》杂志上，这个与语言能力有关的基因就是“叉头框P2基因”（FOXP2）。

FOXP2基因是在一个被称为“KE家族”的人群中发现的。这个家族三代人有24名成员，但是其中一半人无法自主控制嘴唇和舌头的运动，因此发音和说话极其困难。而且他们也存在阅读理解障碍，表现为不能正确拼写词语，难以组织好句子，弄不懂语法规则，很难理解别人说的话和进行阅读。研究人员先对KE家族成员进行大脑图像扫描，发现其中有语言障碍的人在大脑分管语言的“基底神经节”部位出现异常，而FOXP2基因就是在基底神经节表达和产生功能的。这个中枢控制人的口舌运动和发音说话，KE家族的语言障碍者的大脑皮质中这个区域不能正常工作。

1998年，研究人员又发现，一名与KE家族无亲缘关系的被称为“CS”的男孩也出现了与KE家族语言障碍者相同的症状。对这些患者的基因测序发现，KE家族的语言障碍者和CS儿童的FOXP2基因中有一两个位点突变，造成大脑的基底节在发育期不能很好发育，从而影响了他们的语言能力。

最早发现FOXP2基因的科学家费希尔认为，人类的语言问题非常复杂，并非只有一个FOXP2基因起作用，类似FOXP2这样与人类语言能力相关的基因可能还有10到1000个之多。例如，最新发现，有两个基因在语言的形成方面有重要作用，它们可以帮助人发育出较大的大脑，这对语言能力的发展是必需的。这两个基因分别叫作“异常纺锤型小脑畸形症相关基因”和“微脑症基因”。

据研究，这两种基因出现的年代都非常近，前者约6000年前出现，后者则出现于约3.7万年前，此后可能通过进化适应或自然选择在人群中迅速扩张。研究人员推测，由于这两个基因发生了变化，才让人类产生了较大的脑容量，并获得了较好的认知和学习能力。进一步的研究发现，这两个基因也与人的语言类型有关。

人类语言可分为两大类，一类为声调语言，另一类为非声调语言。声调语言是指发同一个语音时，高低不同的声调可表示不同的意思（语义）。非声调语言是指语音声调在高低不同时，只表示语气，而不会影响语义。

英国爱丁堡大学的丹·戴迪休和罗伯特·莱德对非声调语言地区的人和声调语言地区的人进行统计，结果发现前者更可能拥有上述两种新进化的大脑发育基因，而这两种基因未能充分进化的人则更擅长于掌握声调语言。

戴迪休和莱德是在分析了近1000种基因和26项语言特征后得出这一结论的。他们认为，两种新发现的语言基因对于大脑皮质会产生微妙的影响。但并不能由此得出“非音调语言比音调语言更适应进化需要”的结论。以中国为例，古老的中华文化在历史上拥有高水平的科学技术和哲学体系，而中文这种声调语言，与现代东地中海沿岸地区的非声调语言相比，则依然保持着旺盛的活力。

（摘编自2012年8月《中国新闻周刊·追寻人类共同的“母语”》）

试题

1. 下列理解和分析，不符合原文意思的一项是（　　）

A. 大脑至少通过语言运动中枢和语言理解（阅读）中心驾驭语言，这两方面也是语言能力的生物学基础。

B. “叉头框P2基因”（FOXP2）是最早在“KE家族”的人群中发现的人类第一个“语言基因”。

C. 通过对KE家族的语言障碍者和“CS”男孩的研究发现，他们的FOXP2基因中有一两个位点突变，造成大脑在发育期不能很好发育，从而影响了他们的语言能力。

D. “KE家族”中那些发音和说话极其困难的人，也同时存在诸如不能正确拼写词语，难以组织好句子，弄不懂语法规则等阅读理解障碍。

2. 下列理解和分析，符合原文意思的一项是（　　）

A. “异常纺锤型小脑畸形症相关基因”和“微脑症基因”可以帮助人发育出较大的大脑，在语言的形成方面有重要作用。

B. 最早发现 FOXP2 基因的科学家费希尔还认为有 10 到 1000 个之多的基因与人类的语言能力相关。

C. “异常纺锤型小脑畸形症相关基因”和“微脑症基因”出现的年代都非常近，此后可能通过进化适应和自然选择在人群中迅速扩张。

D. 通过研究还发现，“异常纺锤型小脑畸形症相关基因”和“微脑症基因”可以让人类获得较好的认知和学习能力，也与人的语言类型有关。

3. 下列理解和分析，不符合原文意思的一项是（　　）

A. 声调语言是指发同一个语音时，高低不同的声调可表示不同的意思（语义），汉语就属于声调语言。

B. 非音调语言未必比音调语言更适应进化需要，声调语言也有自己的进化优势，汉语至今仍保持着旺盛的活力就是明证。

C. 两种新发现的语言基因对于大脑皮质会产生微妙的影响，这两种基因未能充分进化的人则更擅长于掌握声调语言。

D. 研究人员对声调语言地区的人和非声调语言地区的人进行统计，结果发现前者更可能拥有上述两种新进化的大脑发育基因。

参考答案

1. C　2. A　3. D

解析：1. 试题分析：可将选项带入原文进行比较，做出判断取舍。C 项，与原文意思不符，偷换概念。原文是“FOXP2 基因中有一两个位点突变，造成大脑的基底节在发育期不能很好发育”。所以选 C。考点：筛选并整合文中的信息。能力层级为分析综合 C。

2. 试题分析：可根据对文意的理解，分析判断。B 选项表述绝对化。原文说“可能还有 10 到 1000 个之多”；C 选项选择变兼备。原文说“此后可能通过进化适应或自然选择在人群中迅速扩张”；D 选项曲解文意。原文说“研究人员推测”。故选 A。考点：筛选并整合文中的信息。能力层级为分析综合 C。

3. 试题分析：可将选项带入原文，与原文内容进行细致的比较，做出判断取舍。D 项，表述不正确，原文的“前者”是指“非声调语言地区的人”。所以选 D。

语言起源和发展的社会和生物因素

奥克兰大学生物学博士昆廷·阿特金森（Quentin D. Atkinson）在 2011 年 4 月 15 日的美国《科学》杂志上发表了题为“语音多样性支持语言从非洲扩张的系列奠基者效应”一文，指出，通过对全球 504 种语言的分析发现，非洲各地方言往往含有音素较多，而南美洲和太平洋热带岛屿上的语言所含音素较少。一些非洲方言音素超过 100 个，夏威夷当地土语音素仅 13 个，英语的音素 45 个。

语言的这一分布规律与人类遗传多样性的分布规律类似。人类的遗传多样性在非洲最高，然后缓慢衰减。因此，阿特金森认为，这种类似并非偶然，而是现代人类语言起源于非洲的有力证据。

针锋相对的观点

对于人类语言的起源，早在1866年巴黎语言学会上相关学者就得出一个共识，没有必要在学术会议上讨论这个话题，因为这“纯属浪费时间”。世界上有6000多种语言，要弄清语言的起源与演化非常困难。

然而，从那时起，还是有很多研究人员在“浪费时间”来探讨语言的起源，但是大多集中在社会因素对语言起源和发展的影响上，阿特金森从音素着手来研究语言的起源就是如此。针对阿特金森的“人类语言为单一起源，不是独立产生”和年代越早，音素越多的观点，中国海洋大学的王传超和复旦大学的李辉等人在2012年2月10日的《科学》杂志上发表了题为“评‘语音多样性支持语言从非洲扩张的系列奠基者效应’”的文章，提出了相反的意见，认为在人类的语言分化之前如果存在一个“通天塔”的话，不应该是在非洲，而最可能是在亚洲，准确地说是在里海南岸。

他们的论据来自对全球95个语系的579种语言资料的分析，主要是语音多样性的分布规律。结果发现，非洲的语言并不是语音最复杂的，欧亚大陆的语音要比非洲的语音复杂得多。

在语言学上，最小的有意义的声音称为音素，这也是语言的本质之一，即语义包含在声音中，人们只有能发出不同的声音，才能把规定的意义固定到一种或多种发音中，从而区别语义，表达意思。例如，汉语的“水”与英语的water就是用不同的声音来表达的，只不过，同样是表达“水”的意义，汉语是一个音素，而英语是两个音素。这一切，显然是不同人群的社会和文化生活而规定和产生的，也即社会对语言的影响。

人类走出非洲后，随着不同人群迁徙到不同的地方，语言也会变得越来越不同，主要是因为一群人说一种语言时人为地在语法、语音和词汇三个方面有不同的规定。语音包括元音、辅音和声调三要素，世界上不同的语言在这三方面的差异也较大。辅音在所有语言中最少的只有7个，而最多的高加索山区的优必语甚至达到过180个，不过优必语在1992年已经消亡了。

元音的多样性差异则没有辅音大，一般从2到10多个。但是上海奉贤区金汇镇的“傷傣话”却有20个元音，是世界上元音音位最多的语言。另外，并非所有语言都有声调。声调主要出现在东亚、西非和北美。汉语普通话只有4个声调，而声调最多的是广西和贵州的南部侗族语，可以达到15个声调。

总体而言，欧亚大陆语言的语音比较复杂，非洲的略微简单，美洲与澳洲更简单，语音最复杂的前几种语言都出现在中国。语音多样性的分布体现的并非现代人最初的起源过程，而更可能的是发源于亚洲中南部的人类第二次大扩张。这次大扩张可能发生于2万～4万年前，辐射到了所有的大陆，并且回流到了非洲。所以，从语音分布情况看，语言的最近扩散中心应当是在里海南岸。

语言产生的生物学基础

近年来，分子生物学、人类群体遗传学、心理语言学、认知语言学将人类的视野大大开拓了，使得更多的研究人员认为，探讨语言的起源可能已经不是“纯属浪费时间”的活动了，尤其是利用分子生物学、人类群体遗传学探讨语言的起源更是如此。

语言的生物学基础主要存在于大脑，大脑对语言的驾驭至少通过两个中枢。一个是语言运动中枢，能指挥发音器官说出不同的语句；另一个是语言理解（阅读）中心，能理解他人所说的话和阅读并理解书面语言。这就是人的语言能力，它必然与遗传和基因有关。

人类的第一个语言基因是英国牛津大学威康信托人类遗传学中心的安

东尼·摩纳哥（Anthony P. Monaco）和西蒙·费希尔（Simon E. Fisher）研究小组发现的，研究成果发表在2001年10月4日的《自然》杂志上，这个与语言能力有关的基因就是叉头框P2基因（FOXP2）。

FOX基因是一个基因家族，它所表达的FOX蛋白是一类具有螺旋－转角－螺旋的转录因子，由于与克隆的果蝇叉头基因（fkh）具有高度相似的DNA结合区，因而把它们称为叉头框基因，或叉头基因。它编码的蛋白就称为叉头框蛋白。

FOXP2基因是在一个称为KE家族中发现的。这个家族三代人有24名成员，但是，其中的一半人无法自主控制嘴唇和舌头的运动，因此发音和说话极其困难。而且，他们也存在阅读理解障碍，表现为不能正确拼写词语，难以组织好句子，弄不懂语法规则，很难理解别人说话和进行阅读。

这种一家三代人中有多人出现语言障碍的情况吸引了摩纳哥研究团队，他们决心弄清其中原因。研究人员先对KE家族成员进行大脑图像扫描研究，发现其中有语言障碍的人在分管语言的基底神经节（神经中枢）出现了异常，而FOXP2基因就是在基底神经节表达和产生功能的。这个中枢控制人的口舌运动和发音说话，但是，KE家族的语言障碍者的大脑皮质中这个区域不能正常工作。

然而，这并不能彻底解释KE家族中有语言障碍的人的根本病因。凑巧的是，1998年，研究人员又发现一名与KE家族无亲缘关系的称为CS的男孩也出现了与KE家族语言障碍者相同的症状和表现。对这些患者的基因测序发现，他们的FOXP2基因都有突变。FOXP2基因属于一组基因当中的一个，该组基因通过制造一种可以粘贴到DNA其他区域的蛋白来控制其他基因的活动。KE家族的语言障碍者和CS儿童的FOXP2基因中有一两个位点突变，这就破坏了DNA的蛋白质黏合区，因而造成大脑的基底节在发育期不能很好发育，从而影响到他们的说话和语言能力。

此后，研究人员确认，人的FOXP2基因位于第7号染色体上，但它们的蛋白产品在基底神经节表达。后来，另一些研究人员的研究结果加深了人们对FOXP2基因功能的理解。

美国纽约州西奈山医学院的神经学家约瑟芬·巴克斯鲍姆（Joseph Buxbaum）的研究小组利用基因工程方法培育了两组有FOXP2基因缺陷的小鼠：其中一组是同型结合的，即这些小鼠携带有破损基因的两个副本；而另一组是杂合的，即这些小鼠携带有一个正常的和一个有缺陷的基因副本。结果发现，将同型结合的幼鼠与它们的鼠妈隔离后，这些幼鼠并没有发出超声波。此外，这些幼鼠普遍具有严重的语言神经缺陷，并且无法活到成年期。而杂合的小鼠则具有交流障碍。与正常的小鼠相比，在一个特定的时期内，这些小鼠很少发出一些具有特殊意义的声音。

当研究小组对同型结合的小鼠脑组织进行检查后发现，它们的小脑严重畸形，特别是在位于小脑皮质中层内的浦肯雅细胞（Purkinje cell）中，这种细胞与语言神经的精细控制有着重要关系。这也说明，语言功能不只是关乎大脑，也涉及小脑功能。

人与动物的比较

从动物可以发出声音并有意义所指的角度看，动物也有语言，例如鸟儿的鸣唱和动物的吼叫，而且鸟儿的歌唱所表达的优美意蕴更是人所不及的。

所有发声的动物和人的发声是否一样呢？研究人员发现，人和动物能发声都是因为有FOXP2基因。但是，人与动物的FOXP2基因又略为不同，这才让人类有复杂的发音功能，并产生了语言。巴克斯鲍姆认为，FOXP2基因在鸣鸟的大脑中也有表达，例如燕雀和金丝雀。这可以从基因的共性谈起。

基因的共性使得人和动物都能发声，甚至唱歌或鸣唱。例如鸟儿和人类的发声和鸣唱。鸟儿的鸣唱神经系统有两条主要的通道（神经回路），一条是发声运动通路（VMP），其途径是，高级发声中枢（HVC）－弓状皮质栎核（RA）－舌下神经气管鸣管亚核。这个通道与人脑皮质－脑干运动通路是同源的。

鸟儿的另一条鸣唱通道是前端脑通路（AFP），途径是，高级发声中枢（HVC）-X 区－丘脑背外侧核内侧部（DLM）－新纹状体巨细胞核外侧部（LMAN）－弓状皮质栎核（RA）。此通路参与鸣唱学习。AFP 与人类皮质基底神经节－丘脑－皮质回路同源。AFP 中的 X 区是鸟儿鸣唱学习的必需功能区域，它与哺乳动物中的基底神经节在进化上是同源的。KE 家族语言障碍者和 CS 儿童正是由于基底神经节结构变异导致他们说话困难和阅读障碍，这说明基底神经节在鸟儿鸣唱和人类的语言学习中都有重要作用。

但是，基底神经节的发育是否正常又是由 FOXP2 基因决定的。这也涉及人与动物 FOXP2 基因的不同。

研究人员同时对一些灵长类动物，如黑猩猩、大猩猩、猩猩和猕猴，以及小鼠的基因组进行检测，发现了同样的 FOXP2 基因。但是，把它们与人类的 FOXP2 基因序列进行比较时，有了深入的发现。虽然，FOXP2 基因贯穿于生物演化的共同历史中，但差异却随时间的推移而出现。人类与小鼠最近的共同祖先生活在大约 7000 万年以前，从那时到现在，FOXP2 基因编码产生的蛋白质的氨基酸序列产生了 3 处变化。其中 2 处变化发生在约 600 万年前人类与黑猩猩分离以后。

最关键的是人与黑猩猩的 FOXP2 蛋白的两处分子差异。一处是从苏胺酸演变为天门冬酰胺，另一处是从天门冬酰胺演变到丝氨酸，拥有了后者氨基酸序列的人类明显地影响到了人类控制口面部、喉部、鼻等处的肌肉运动，使人类能够发出更丰富、复杂和多变的声音，如唇音、鼻音、喉音、卷舌音，为语言的产生打下了良好的基础。FOXP2 蛋白的差异又是 FOXP2 基因细微变异的结果，基因变异明显改变了相关蛋白质的形态，蛋白质又是生物体中一切运动的杠杆和传动装置，所以成就了人类的语言产生的生物学基础。

与动物的基因比较也让研究人员推测，KE 家族的语言障碍者尽管也有人类的 FOXP2 基因，但他们的 FOXP2 基因的一个拷贝（副本）失活，从而影响到了他们的语言能力。

围绕语言基因的新发现

FOXP2 基因发现后引起了研究人员的极大兴趣，更多的研究人员参与到研究基因与人类语言能力的研究中来，他们的研究进一步阐明了 FOXP2 基因与语言能力的关系。

美国加利福尼亚大学的丹尼尔·格施温德（Daniel Geschwind）的研究小组为了弄清 FOXP2 基因变化会产生什么样的生物学功能而进行了一项研究。他们把这种基因的两个副本嵌入人的大脑细胞，并观察这种基因如何调控蛋白的表达。结果发现，与黑猩猩的 FOXP2 基因版本相比较，人的 FOXP2 基因版本可以增加其他 61 个基因的表达并且能减少其他 51 个基因的表达。他们再次在人和黑猩猩的大脑组织中实验后出现了之前在大脑细胞实验中出现的同样结果。

研究同时也发现，FOXP2 蛋白位于大脑的语言和说话网络的中心位置，这些蛋白也影响着软组织的形成和发育，通过这些组织把 FOXP2 蛋白与说话和发音的身体（物理）动作联系起来。

同样，德国马克思·普朗克进化人类学研究所的研究人员对基因与语言能力关系的研究也有了新的重要发现。现在，该研究所的克里斯坦·斯赖韦斯（Christiane Schreiweis）领导的研究团队通过基因工程小鼠的研究证明，FOXP2 基因不仅与语言能力有关，而且与学习和认知有密切关系，拥有了这个与人类相似的基因的老鼠比正常老鼠在学习上速度更快。

大多数脊椎动物都有相近或同一的 FOXP2 基因版本，这个基因在涉及大脑神经回路的认知活动中至关重要。人的 FOXP2 基因版本与黑猩猩的 FOXP2 基因版本略有不同，差异在于它们编码产生的蛋白有两个氨基酸的不同。这不仅对人类的语言演化助了一臂之力，而且对人和动物的认知功能的不同也有重要意义。

研究人员通过基因工程让老鼠产生了人的 FOXP2 蛋白。这种"人类化"的老鼠对研究人员并不胆怯。拥有人类 FOXP2 蛋白的小鼠比拥有老鼠 FOXP2 蛋白的小鼠发出了有变化的超声波声音。拥有人类 FOXP2 蛋白的小鼠的大脑也比正常小鼠的大脑拥有了更多和更长的树突，后者的功能在于帮助神经元与其他神经元进行信息联络，因为树突是神经元（神经细胞）胞体延伸的分支，它与其他神经元通过突触形成联系和信息交流。而且，拥有人类 FOXP2 蛋白的小鼠大脑的基底节也对反复的电刺激不产生反应。这一特点被称为长时程抑制，对大脑的认知和记忆有重要的促进作用。

对拥有人类 FOXP2 蛋白的小鼠进行探索迷宫的实验发现，它们比一般小鼠学习新知识更快，比如在向左或向右寻找饮水时，拥有人类 FOXP2 蛋白的小鼠能更快地找到水。在迷宫表面加上图像线索，如一颗星，以指引正确的方向。经过 8 天的训练，拥有人类 FOXP2 蛋白的小鼠依照图像线索找到水的比率是 70%，而正常小鼠需要再加上 4 天，即 12 天的训练才会达到如此高的找水准确率。因此，研究人员认为，在探索迷宫时，人的 FOXP2 基因能让小鼠能较快地整合图像和触觉线索以突破迷宫。

斯赖韦斯等人同时认为，由于人的 FOXP2 基因在与黑猩猩分离后产生了突变，才帮助人类创建了复杂的肌肉运动，从而形成基本的发音，然后把这些音节结合起来形成词语和句子，创造和运用语言。

更多的基因与语言能力有关

最早发现FOXP2基因与语言有联系的费希尔认为，尽管对FOXP2基因的研究有了更多的发现，但该基因是人类语言进化的主要驱动者，还是一个小角色，现在还不能下定论。而且，在细胞和动物身上的研究和分析也许与在人体中进行的研究结果并不一致。人类的语言问题非常复杂，并非只是一个FOXP2基因就能起作用。另外，也需要进一步研究FOXP2基因是在活体大脑中的什么部位进行表达，以及在什么样的脑细胞中最具有活性。

其他研究人员也认为，类似FOXP2这样与人类语言能力相关的基因可能还有10到1000个之多。例如，现在发现，有两个基因在人类语言的形成和语言能力上有重要作用，它们可以帮助人发育出较大的大脑，这对语言能力的发展是必需的。这两个基因一个是异常纺锤型小脑畸形症相关基因（ASPM，abnormal spindle-like microcephaly associated），另一是微脑症基因（microcephalin）。

这两种基因出现的年代都非常近，前者约6000年前出现，后者约在3.7万年前出现，此后可能通过进化适应或自然选择在人群中迅速扩张。研究人员推测，这两个基因由于发生了变化，才让人类产生了较大的脑容量，并获得了较好的认知能力和学习能力。因为，先天性小脑症的发病与微脑症基因的突变缺陷有关，该基因失活会造成患者脑容量仅相当于正常人的1/3或更低。进一步的研究发现，这两个基因也与人的语言类型有关。

人类语言大致分为两大类，一类为声调语言，另一类为非声调语言。声调语言是指，发同一个语音时，高低不同的声调可表示不同的意思（语义）。非声调语言是指，语音声调在高低不同时，只表示语气，而不会影响到语义。总体而言，汉藏语系的语言，包括汉语、藏语、苗语、羌语等，属于声调语言。一些亚洲语言如越南语也是声调语言，而且越南语的声调比汉语普通话要多，一共6个。在非洲和美洲一些地方，也分布着一些声调语言，如非洲撒哈拉沙漠以南的地区多为声调语言，如班图语，斯瓦西里语除外。在美洲，分布在美国阿拉斯加州的土著印第安人所使用的阿萨巴斯卡语，美国西南部以及墨西哥土著所使用的纳瓦霍语（电影《风语者》有形象介绍）等，也都是声调语言。而印欧语系的语言，如英语、法语、德语等，多属于非声调语言。

概括地讲，声调语言分布在东亚、撒哈拉非洲以南、部分中美洲、南美洲等地区，非声调语言分布在欧洲、中亚、北亚、南亚、西亚、部分美洲、澳洲等地。

英国爱丁堡大学的丹·戴迪休（Dan Dediu）和罗伯特·莱德（D. Robert Ladd），把非音调语言地区的人和音调语言地区的人进行统计，结果发现前者更可能拥有两种新进化的大脑发育基因——异常纺锤型小脑畸形症相关基因和微脑症基因。与此同时，那些拥有“古老版”异常纺锤型小脑畸形症相关基因和微脑症基因的人更擅长掌握中文等音调语言。这种差异在排除了地理环境和历史遗传等因素外，仍然存在。

戴迪休和莱德是在分析了近1000种基因和26项语言特征后得出这一结论的。戴迪休和莱德认为，异常纺锤型小脑畸形症相关基因和微脑症基因对于大脑皮质组织，包括处理语言的区域，会产生微妙的影响。但是他们认为，不能由此得出结论，非音调语言比音调语言更适应进化需要。因为，中国产生了高水平的科学技术和哲学体系，中文这种音调语言与现代的东地中海沿岸地区的非音调语言同样成功。

踩踏为何会发生?

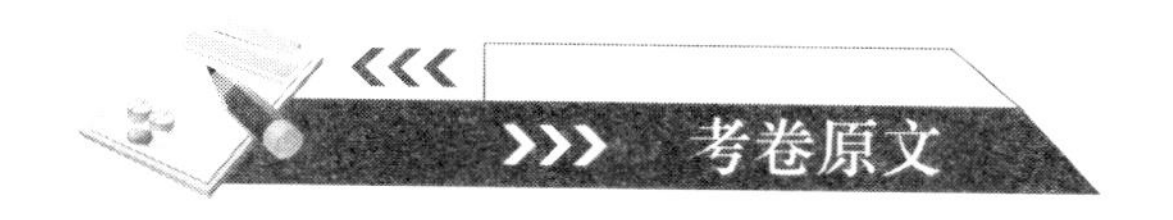

① 2014年12月31日，上海外滩陈毅广场发生踩踏事件，造成36人死亡，49人受伤，其中大多是年轻女性。当得知36个原本鲜活的生命将永远无法再看到新年的第一缕阳光时，人们的心被深深地刺痛了，而此时此刻，亡羊补牢将是对他们最好的哀悼，也是对生者的最好救赎。因为，只有这样才可以让更多的年轻生命在今后有安全保障地迎接精彩的人生。

② 人多、爱扎堆和凑热闹固然是这次上海外滩灾难的一个原因，但肯定不是首要原因，甚至不是重要原因。因为，人类群居的天性决定了人们喜欢聚会和举办庆祝活动，而且会千方百计找出各种理由来狂欢。如果事先能够采取合理有效的管理措施，引导人群在理性轨道内流动，这种欢聚本不会造成可怕的灾难。

③ 那究竟为何会发生踩踏事故呢？当大量人群汇聚在一起庆贺和狂欢时，毫无疑问会形成人流。人流如果朝一个方向行进，是正常的人流流动，但是，有时人流也会出现异常流动，产生冲突、碰撞、挤压，然后在相互

抗衡的力量之间打开一个缺口以释放压力，最常见的是力量小的一方退缩或倒下，然后力量大的一方趁势跟进，这就会造成踩踏和挤压，使人受伤或因窒息而死亡。

④ 人流出现异常主要由两个因素造成：一是环境狭小，容纳不下太多的人，产生瓶颈效应。一篇研究踩踏事故的论文指出，人流密度安全值室内为 1 平方米 1 人，室外为 0.75 平方米 1 人，也即 1 平方米 1.3 人。二是人流没有向一个方向统一移动而产生紊流。紊流通常是在人流方向发生改变时产生，即上下、左右、前后方向的改变，如转弯、上下台阶和前后冲撞，这就会造成无序、混乱，此时就会有一方倒下或被挤压，受到伤害。

⑤ 要避免踩踏事故的发生，就要控制人流。控制人流应注意两个要点：一是要限制人数，谨防发生瓶颈效应；二是要让人流有序流动，不受干扰，避免形成紊流。多项研究表明，紊流最容易造成人流的冲突，从而产生跌倒和踩踏伤害。

⑥ 在控制人流的问题上，美国纽约的跨年辞旧迎新集会为我们提供了范例。纽约时代广场新年倒计时可谓全球最著名的跨年活动，近百年来每逢 12 月 31 日，上百万人从世界各地赶来，以朝圣的心态在寒风中等上数小时，只为目睹那颗水晶球零点准时降落。每年的 12 月 31 日 15 点，纽约警方就开始忙碌起来，用防护栅栏将广场从中心起分片隔离，游客陆续进入每片隔离区，当每片隔离区容纳的游客达到一定数量后，便预留出紧急通道，封锁该片区，只出不进。于是，每片隔离区顺序排开，按先来后到的顺序，满足所有游客在广场的跨年庆祝活动。

⑦ 纽约时代广场人群的行进方向也要保证不产生紊流，人们只能横进纵出。跨年活动结束后，则按照先外围后中心的原则有序逐步疏散人群。如此一来，就减小了人流，也避免了人流方向上的紊乱。

⑧ 当然，参加集会活动的个人也要有防灾自救的意识。首先，要能预判出踩踏危险，观察好集会场地情况，注意避让拥挤的人群，一旦人流的速度、流向突然发生了变化，要特别警觉。其次，如果不幸被卷入人流，也不要慌张，注意不要采取身体前倾的姿势，一定不要逆着人流前进，即使鞋子被踩掉或贵重物品被挤掉，也不要贸然弯腰提鞋或低头寻拾物品，而应迅速寻找身边一些比较坚固牢靠的东西，比如路边的灯柱之类抓紧抓牢，等待人群过去之后再赶快离开现场。再有如果发现前方有人突然摔倒，要大声呼喊，也要鼓励旁边的人大声呼喊，尽快让后面的人群知道前方到底发生了什么事。如果这个时候带着孩子，一定要把孩子抱起来，尽量稳住双脚，不要被绊倒。在拥挤的人群中前进时，两手伸在胸部互抱，形成一个三角形，给肺部呼吸留出一个空间，这可以避免长时间胸部受挤压而出现窒息。如果不幸在拥挤的人流中摔倒，应该马上设法使身体蜷缩成球状，两手食指交叉相扣，置于颈后，保护好头、颈、胸、腹部，避免脊椎、脑部受到踩踏，同时利用胳膊和双腿形成一定的空间，保证呼吸，避免被踩踏后窒息而亡。

⑨ 总之，要避免踩踏事件的发生______。踩踏事件无论是对社会还是对个体都会造成严重的伤害，但看似偶然发生的踩踏事件其中存在着必然的科学道理。我们对踩踏事件的成因做出认真的研究与分析，就不仅能做到亡羊补牢，还能做到防患于未然了。

（选自《百科知识》2015年第4期，有删改）

试 题

1．结合全文，具体说说文章第①段从上海外滩踩踏事件说起，有哪些作用?

2．根据文意，在第⑨段画横线处应填入的句子是。（只填序号）

【甲】有关部门一定要注意处理好场地的问题，合理控制人流，更重要的是，参加集会的个人必须要有相关的防灾自救意识。

【乙】参加集会的个人应该要有相关的防灾自救意识，而有关部门要注意处理好场地的问题，合理控制人流则更为重要。

3．阅读下面材料，借助上文中的相关知识，回答后面的问题。

【材料】

上海外滩观景平台地形狭长，所容人数有限。2014 年 12 月 31 日 22 点多的时候，外滩观光平台人流密度每平方米已达到 6 ~ 7 人，大大超出了安全值。陈毅广场和观景平台的人流是迎头碰撞的，而非同一方向移动。当晚，作为迎接新年的重头表演之一的 5D 灯光表演成为诸多游客和市民共同的选择，人们争相上下，相向的人流在上下台阶上对撞，结果力量小的人最先摔倒，连带更多的人摔倒。

（1）结合选文中的知识，简要分析材料中踩踏事件的成因。

（2）为了避免类似的踩踏事件再次发生，请给有关部门提出两条合理化建议。

参考答案

1．答案要点：
①说明踩踏事件造成的严重后果，为人们敲响警钟，引发读者的关注。
②引出下文对踩踏事件的成因和预防的说明。

2．乙

3．答案要点：
（1）原因：①上海外滩观景平台地形狭长，所容人数有限，当晚平台人流密度大大超出安全值，产生瓶颈效应。②人们争相上下，而非同一方移动，产生紊流。
（2）建议：①避免在狭长的空间集会。②要控制好进入集会场地的人数。③集会时，要避免人群相向而行，要让人群向同一个方向行进或采用单行道。

作者原文

踩踏发生的原理、防范与救援

2014年12月31日23时30分左右，上海外滩陈毅广场发生踩踏事件，造成36人死亡，49人受伤，其中大多是年轻女性。当36个为庆祝跨年活动而雀跃的鲜活生命永远无法看到新年的阳光时，亡羊补牢将是对他们最好的哀思，也是对生者的最好拯救，因为，这可以让今后有更多的年轻生命迎来新年的精彩人生。

紊流与人流

人多、爱扎堆和凑热闹固然是这次上海外滩灾难的一个原因，但肯定不是首要原因，甚至不是重要原因。因为，人类群居的天性决定了喜欢聚会和举办喜庆活动，而且会千方百计想出各种理由来疯狂派对，不到最嗨，不会罢休。无论哪个国家哪个民族都会有各种喜庆扎堆活动，当然也出现了很多灾难，主要原因是没有引导人们的群体行为进入理性轨道，也没有合理的管理措施。

当大量人群汇聚在一起庆贺和狂欢时，毫无疑问会形成人流。人流和车流、水流一样，都会遵循流体力学的原理来运行。其中，紊流的产生就对踩踏起到重要作用。

大量人群形成的人流朝向一个方向行进可以看成是正常的流动，但是，在正常的人流形成后如果出现异动或异常，就会产生冲突、碰撞、挤压，然后在相互抗衡的力量之间打开一种缺口以释放压力，最常见的是力量小的一方退缩或倒下，然后力量大的一方趁势涌进，造成踩踏和挤压，使人窒息或受伤而亡。

人流出现异常或异动通常有几种情况。一是环境狭小，容纳不下太多的人群，产生瓶颈效应；二是人流没有向一个方向统一移动（流动）时会产生紊流，又称湍流、乱流、扰流，这种情况通常是在方向发生改变时产生，即上下、左右、前后方向的改变（3D 空间的转向），如转弯、上下台阶、前后冲撞（冲突），这就会造成无序、混乱和冲突，在冲突中必然会有一方倒下或被挤压成“薄饼”。

上海外滩跨年活动导致灾难的几个要素都具备了。一是上海外滩观景平台地形狭长，所容人数有限。事后的评估表明，当时外滩地区的人流量接近30万人，一个公司的“电子围栏”技术评估表明，该地区1月1日零点的人流量最高峰是前一天同一时刻的5.5倍。2004年的一项研究踩踏事故的论文指出，人流密度安全值室内为1平方米1人，室外为0.75平方米1人，也即1平方米1.3人。上海外滩事故现场目击者称，2014年12月31日22点多的时候，外滩观光平台人流密度每平方米就已达到6～7人，大大超出了安全值。在观景平台狭长地带聚集了如此密集的人群后，结果只能是人挤人、人贴人。

其次，陈毅广场的台阶结构造成了在人群流动上的方向改变，以及人流速度的停滞或变慢。外滩边上的广场面积不大，陈毅的塑像矗立在广场的东面。正对着陈毅塑像的百米开外，有一条直通外滩观景平台的台阶，分为两层，第一层8级，第二层9级，两层之间有一个大约一米半宽的过渡距离。步行完这17级台阶才能抵达比广场高约三四米的观景台。这种上下方向和人流速度的改变又为紊流创造了条件。

另一个更重要的方向改变是，外滩陈毅广场和观景平台的人流是迎头碰撞的，而非同一方向移动。这个致命的要素造成了两个人流的互相顶碰，就像高速公路上没有区分左右车道一样，两股人流高速地碰撞在一起。当晚，作为迎接新年的重头表演之一的5D灯光表演，成为诸多游客和市民共同的选择，人们争相上下，相向的人流在斜坡上对撞，结果力量小的一个人或几个人最先摔倒，连带更多的人摔倒。有人摔倒后，就稍稍腾出了一点空间，随后拥挤的人流以更大的力量和更快速度填充了这一空间，踩踏和挤压便随之而来，灾难也就不可避免。

控制密集人流

要避免踩踏事故的发生，主要是要控制人流。控制人流又有两个要点，一是限制人数，二是让人流不要受到干扰而形成紊流，紊流最容易造成人流的冲突和相撞而产生跌倒及踩踏伤害。

对于限制人流，美国纽约的跨年度辞旧迎新晚会提供了榜样。纽约时代广场新年倒计时可谓全球最著名的跨年活动，近百年来每逢12月31日，上百万人从世界各地赶来，以朝圣的心态在寒风中等上数小时，目睹那颗水晶球零点准时降落。每年的12月31日15点，纽约警方就开始忙碌起来，用防护栅栏将广场从中心起分片隔离，游客陆续进入每片隔离区，当每片隔离区容纳的游客达到一定数量后，便预留出紧急通道，封锁该片区，只出不进。于是，每片隔离区顺序排开，按先来后到的顺序，满足所有游客在广场的跨年庆祝活动。

而且，人们的行进方向也要保证不产生紊流，人们只能横进纵出。跨年活动结束后，则按照先外围后中心的原则有序逐步疏散人群。如此一来，就减小了人流，也避免了人流方向上的紊乱。当然，纽约时代广场的管理还有各种方式，例如，告知跨年活动的参与者该做什么，不能做什么，进入广场要搜身，限制携带某些用品等。这些措施保证了多年来时代广场的跨年活动从来没有发生踩踏和其他恐怖事件。

其实，在应对人流和大规模人群活动时，不只是人，就连动物也都有相应的智慧来避免灾难的发生。例如，蝗虫的密度达到每平方米25只时，它们会停止自由行动，而采取向一个方向前进。原因在于，同一方向行进可以避免群体踩踏事件、相互冲撞和厮杀，避免灾难发生，这是演化赋予动物的理性行动。

作为人来说，当然比动物更有智慧，这在更多的群体性事件中已经体现出来。例如，穆斯林的麦加朝觐要绕天房，转七圈。几十万、上百万的穆斯林来到禁寺广场中央，围绕天房行走七圈，都是按逆时针方向行走，而且在快步走和慢步走时的目标、步调、方向一致，节奏、旋律、动作相同，甚至连呼吸也都一样。这就形成了一个雄伟、宏大的世界奇观，朝觐的人流极像是一个游动着的巨大漩涡。这被视为穆斯林信仰的坚如磐石和遵守秩序、团结守纪的精神风貌。但是，还一个重要的原因是，避免方向和节奏的不同而产生紊流，防止群体踩踏和拥挤的产生。

即便如此，穆斯林朝觐时的踩踏、挤压造成的伤亡事件也屡屡发生。2006年的麦加朝觐，尽管人们都朝一个方向行进，但由于速度和节奏出现了差异，导致紊流的产生，在进入紊流状态30分钟后，出现踩踏挤压事件，至少345人被挤死。麦加朝觐的另一个惨剧是瓶颈效应造成。1990年7月，大批朝圣者在麦加通过一条长500米、宽20米的隧道前往阿拉法特山参加朝觐仪式时，发生洞内拥挤践踏事件，导致1426人因窒息或被踩踏身亡。

减少灾难的其他措施

根据人的心理和行为特征来引导人们在公共场所聚众扎堆时安全地聚会、庆贺、狂欢，是有效减少灾难发生的重要手段。这就涉及对人的行为的科学引导以及对环境和设施的科学设计，同时也与科学管理密切相关。

例如，为避免密集人流出现紊流或瓶颈效应导致挤压和踩踏悲剧的发生，就需要在这些方面进行改进和设计。沙特的麦加朝觐地的投石驱邪桥，即加马拉桥屡屡发生悲剧，说明这一地方的容纳量太小。因此，后来沙特政府把加马拉桥的出口和入口增加到12个。

上海此次灾难发生后，也需要在三个方面“补牢”，一是改造观景平台地的狭长空间，二是改变陈毅广场的台阶结构，三是改变人群的相向而行，而是向同一个方向行进或采用单行道。当然，对广场人流的管理也亟待改进，例如通过监控视频以及地面警察计算人流量，以控制进入广场的人数，布置更多的警力疏散人群，留出逃生通道，甚至通过直升机观察人群以提早采取疏散行动等。

当然，每个参与公共行动的人也有责任，其中的观察形势和自救至关重要。首先是要预测并判断踩踏危险，参加集会前要熟悉所管辖范围内所有的安全出口。判断踩踏事故发生有重要标志，人群非常拥挤的时候，人流速度会非常缓慢，但人流速度突然发生了变化，并发生了方向变化，这时候就可能是发生了逆行和摔倒、绊倒等情况。踩踏发生后，一般身高的人不可能看到前方或后方的情况，但是会突然感觉“被推了一下”，这时就要特别警觉，踩踏已经发生。

在不幸卷入人流并可能遭遇踩踏时，也不要慌张，可以分别采取一些措施。例如，不要采取身体前倾的姿势，即使鞋子被踩掉或贵重物品被挤掉，也不要贸然弯腰提鞋或系鞋带，也不要低头寻找和拾起物品，因为这会很容易被推倒。另外，迅速寻找身边一些比较坚固牢靠的东西，比如路边的灯柱之类抓紧抓牢，等待人群过去之后再赶快离开现场。

如果发现拥挤的人群已经在向自己行走的方向涌来，应该马上避让到一边，速度要快，但不要狂奔，以免摔倒。如果路边有商店、饭店等地方，可以暂时进去避一避。如果发现自己已经身不由己陷入到混乱的人群当中，一定不要逆着人流前进，那样非常容易被推倒在地。同时，远离店铺的玻璃窗，避免玻璃窗破碎被扎伤。

如果发现前方有人突然摔倒，要大声呼喊，也要鼓励旁边的人大声呼喊，尽快让后面的人群知道前方到底发生了什么事，否则后面的人群继续向前拥挤，非常容易发生踩踏事故。如果这个时候带着孩子，一定要把孩子抱起来，因为孩子身高低，力气比较小，面对拥挤混乱的人群特别容易被踩在地下，发生危险。

如果出现了混乱，需要稳住双脚，不要被绊倒，避免成为拥挤踩踏事件诱发的因素。在拥挤的人群中前进时，两手伸在胸部互抱，形成一个三角形，给肺部呼吸留出一个空间，这可以避免长时间胸部受挤压而出现呕吐，甚至吐血。

即便不幸在拥挤的人流中倒地或被挤倒，应该马上做出保护性动作，即设法使身体蜷缩成球状，两手食指交叉相扣，置于颈后，保护好头、颈、胸、腹部，可避免脊椎、脑部受到踩踏，这样还能形成一定空间保证呼吸。这也可以避免被踩踏后窒息而亡，因为大部分被踩踏者都是由于窒息而死。

机器人记者来了，记者会失业吗?

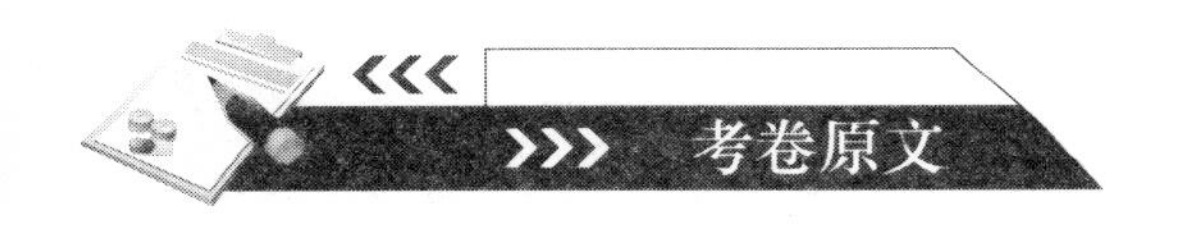

① 1月31日，苹果公司发布了创纪录的一季度财报，美联社数分钟之后即发表了题为《苹果打破华尔街第一季度预期》的新闻报道。但这篇报道不是记者写的，而是机器人记者，或者说计算机写作软件（人工智能）写的。

② 为什么要采用机器人写作新闻报道呢？因为财经领域的季度盈利报告撰写工作单调枯燥，但要求准确和速度，所以美联社在去年夏天开始与自动观点公司合作，使用该公司的“史密斯消息”软件撰写财经报道文章。现在，这个采用了半年的机器人记者每个季度都要撰写3000篇这样的新闻报道，而且这个数字有望增加。

③ 机器人记者来了，真正的记者是否就要失业了？美联社的助理编辑帕特森说，“史密斯消息”是在解放记者，让他们集中精力撰写有深度的报道。因此，真正的记者是不会失业的。

④ 机器和机器人把人从繁重的体力劳动和枯燥的工作中解放出来，去干

更重要的工作，或者让人成为监工，监督机器人干活。这是一个美好的前景，在今天也局部实现了。但是，另一种担忧也发生了。

⑤　以机器人为代表的人工智能方兴未艾，也许将来某一天会完全取代人，进而战胜和消灭人类，主宰世界这种观点在很多科幻小说和电影中早就出现过，如.《机器人战争：人类末日》《黑客帝国》等。虽然更多的人认为这只是一种娱乐和玩笑，当不得真，但也有严谨的科学家，如英国理论物理学家斯蒂芬·霍金站出来一本正经地警告社会，人工智能在并不遥远的未来可能会成为一个真正的危险。

⑥　霍金已经和数百名科学家与企业家联合发表一封公开信，敦促人们重视人工智能安全，确保这类研究对人类有益。人工智能技术如同其他科学技术一样在给人们生活带来便利的同时，可能存在危险性，甚至可能比核武器更具威胁。因此，有必要研究如何在从人工智能获益的同时避免其潜在的危险。

⑦　霍金等人是否在杞人忧天呢？就时间和人工智能的水平而言，目前包括机器人记者在内的人工智能都处于人们可控的情况之下，主要是为人类服务，提高生产力和工作效率，但是，并不否认有一种可能，未来机器人可能会失控。例如，具有更高智能的机器人可以自我设计以改进自身，使得它们比现实社会的所有人都更聪明。

⑧　那么，有没有办法不让人类输掉而永远成为赢家呢？当然是有的，比如，停止设计人工智能，但这不是人类的做派。于是，便转向另外两个选项，一是人类与人工智能和平相处，二是人们在设计人工 智能的时候最好预留

一个开关或机制，让人类永远拥有控制人工智能的钥匙。第一种办法的选项在《黑客帝国》中已经提出来了，当进入22世纪，人们已经生活在虚拟与现实结合的世界中，通过厮杀和争 斗，主体（CPU）最终同意与人类和平共处。

⑨ 至于人们在设计人工智能的时候预留永远让人控制人工智能的机制，也许还在研究之中，需要时间。但现阶段，记者不会失业，而且会从繁重而枯燥的工作中解放出来，写出更有深度的文章和干更有创意的工作。但是，在记录时代和生活的同时，记者们也不妨瞭望一下，科技，包括人工智能在内的众多科技发明在把人类社会带向更为灿烂的明天时，是否会有偏离航向的危险。

（选自2015年2月4日《中国青年报》，有删改）

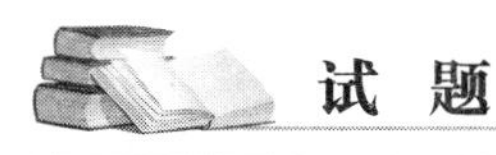

试 题

1. [筛选信息] 题目中“机器人记者”在文中指什么？机器人记者有哪些优点？

2. [理解内容] 从全文看，人类要想在人工智能面前永远成为赢家，可以有哪些解决措施？

3. [说明方法] 第⑤段中的画线句使用了什么说明方法?有何作用?
如英国理论物理学家斯蒂芬·霍金站出来，一本正经地警告社会，人工智能在并不遥远的未来可能会成为一个真正的危险。

4. [赏析语言] 下面句子中画线的词能否删去？为什么？
以机器人为代表的人工智能方兴未艾，也许将来某一天会完全取代人，进而战胜和消灭人类，主宰世界。

5. [分析写法] 文章第①段写苹果公司的一季度财报有什么作用?

6. [综合理解] 下列对文章内容的理解和分析正确的一项是（　　）

A. 人工智能技术存在比核武器更具威胁的危险性。

B. 第②段主要采用了列数字的说明方法，通过具体的数据准确地说明了机器人记者写稿速度快，发展前景广。

C. 机器和机器人把人从繁重的体力劳动和枯燥的工作中解放出来这一美好前景已经实现。

D. 文章采用时间顺序，说明了机器人记者来了记者会不会失业的问题。

参考答案

1. “机器人记者”指计算机写作软件或者是人工智能。其优点是知识储备丰富；写稿速度快，准确度高，不惧单调枯燥。

2. 停止设计人工智能；人类与人工智能和平相处；在设计人工智能的时候预留一个开关或机制。

3. 举例子。通过举霍金警告社会的例子，具体说明了人工智能可能会对人类造成威胁，使说明更加体、有说服力。

4. 不能删去，“也许”表示一种猜测，只是一种可能性，表示不排除其他的可能性，如果删掉，原文意思就成了人工智能一定会取代人类，进而战胜和消灭人类，显得太绝对，不符合客观事实，“也许”一词体现了说明文语言的准确、严密性。

5. 引出说明对象，激发读者的阅读兴趣。

6. B

作者原文

机器人记者来了，记者怎么办?

1 月 31 日，苹果公司发布了创纪录的一季度财报，美联社数分钟之后即发表了题为《苹果打破华尔街第一季度预期》的新闻报道。然而，这篇报道不是记者写的，而是机器人记者，或者说计算机写作软件(人工智能)写的。

这个写作软件姑且称为“史密斯话语”，或“史密斯消息”(Wordsmith)，即便按照尊重劳动成果的社会规则，文章的发表也应当署名“史密斯消息”。但是，由于写作者的虚拟性和这一软件是众多科技人员的智慧成果，即人工智能的属性，目前文章没有署名。

为什么要采用机器人写作新闻文章呢？因为财经领域的季度盈利报告撰写工作单调枯燥，但要求准确和速度，所以美联社在去年夏天开始与自动观点公司（Automated Insights，由前思科公司 IT 工程师罗比·艾伦创立）合作，使用该公司的“史密斯消息”软件撰写财经报道文章。现在，这个采用了半年的机器人记者每个季度都要撰写 3000 篇这样的新闻报道，而且这个数字有望增加。

机器人记者来了，人们产生的第一联想就是，真正的记者是否就要失业了。不过，美联社的助理编辑帕特森马上就否定了，“史密斯消息”是在解放记者，让他们集中精力撰写有深度的报道。因此，真正的记者是不会失业的。如果真是这样，以后记者以及其他采用人工智能的各行各业的就业者就不会像1811年那个叫卢德的英国工人一样捣毁机器了，因为这种反机械化的“卢德运动”并没有意识到机器的好处和对经济和社会文明发展的巨大作用。

今天的人不会傻到重复“卢德运动”是因为，机器和机器人会把人从繁重的体力和枯燥的工作中解放出来，去干更重要的工作，或者说就是让人成为监工头，监督机器人干活。这当然是一个美好的前景，而且也是今天的一种局部实现的现实，例如记者不会去写那种单调枯燥的文章了。但是，另一种担忧也发生了。

以机器人为代表的人工智能正方兴未艾，也许将来某一天会完全取代人，并进而战胜和消灭人类，主宰世界。这种观念在很多科幻小说和电影中早就出现，如《机器人战争：人类末日》《黑客帝国》等。虽然更多的人认为这些科幻小说和电影只是一种娱乐和玩笑，当不得真，但也有严谨的科学家，如英国理论物理学家斯蒂芬·霍金站出来，一本正经地警告社会，人工智能在并不遥远的未来可能会成为一个真正的危险。人工智能对人类而言甚至是致命的。

霍金已经和数百名科学家和企业家，如2004年诺贝尔物理学奖获得者弗兰克·维尔切克、美国太空探索技术公司和美国特斯拉汽车公司首席执行官埃隆·马斯克等人联合发表一封公开信，敦促人们重视人工智能安全，确保这类研究对人类有益。人工智能技术如同其他科学技术一样，在给人们生活带来便利的同时，可能存在危险性，甚至可能比核武器更具威胁。因此，有必要研究如何在从人工智能获益的同时避免潜在的危险。

霍金等人是否在杞人忧天呢？也许是，也许不是。就时间和人工智能的水平而言，目前包括机器人记者在内的人工智能都处于人们可控的情况之下，主要是为人类服务，提高生产力和工作效率，但是，并不否认有一种可能，未来机器人可能失控。例如，因为具有更高智能的机器人可以自我设计以改进自身，使得它们比现实社会的所有人都更聪明。当然，这种人工智能已经融入了人工生命的要素，所以，人类会输掉。

那么，有没有办法不让人类输掉而保持永远成为赢家呢？当然是有的，比如，停止设计人工智能，但这不是人类的做派。于是，便转向另两个选项，一是人类与人工智能和平相处，二是人们在设计人工智能的时候最好预留一个开关或机制，让人类永远拥有控制人工智能的钥匙。第一种办法的选项在《黑客帝国》中已经提出来了，当进入22世纪，人们已经生活在虚拟与现实结合的世界中，通过厮杀和争斗，主体（CPU）最终同意与人类和平共处。

至于人们在设计人工智能的时候预留永远让人控制人工智能的机制也许还在研究之中，需要时间。因此，现阶段，记者当然不会失业，而且，会从繁重而枯燥的工作中解放出来，写出更有深度文章和干更有创意的工作。但是，在记录时代和生活的同时，也不妨瞭望一下，科技，包括人工智能在内的众多科技发明把人类社会带向更为灿烂的明天时，是否会有航向的偏离。

人类探索的有垠与无垠

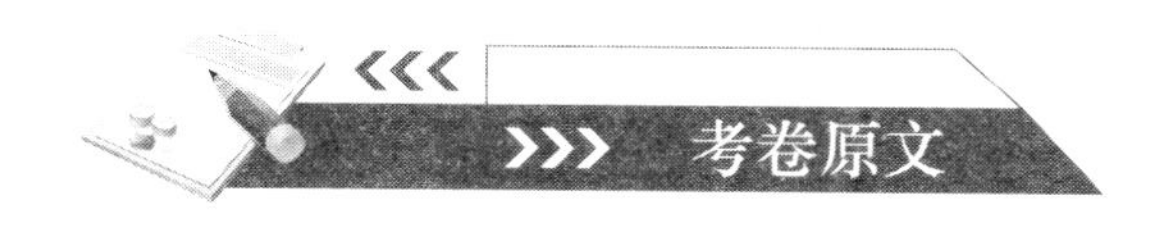

人类探索的有垠与无垠

① 谦虚所产生的巨大的美德力量可以从牛顿的一段话中反映出来。当人们赞誉他在科学上的巨大成就时，他回答说，我只不过是一个在海滩上玩耍的顽童，无意中捡到了几个漂亮的贝壳，而人类未知的知识和事物犹如浩瀚无垠的大海，正等待着我们去努力探索。从牛顿的话自然引出一个话题：尽管人类的未知世界是如此之大，但人类的探索有没有禁区？有垠还是无垠？

② 说实话，这个问题也许是一个永远的悖论。实事求是地说，人类的无知永远都大于有知，因为人类是不可能全知的，由此可以看作人类探索和认知的有垠。正因为如此，如果人类一点都不参与到自然界中，有时事情还更好办一些，因为说不清是人类的有知还是无知对地球和自然的损害更大，比如对地球的污染。从某种程度上讲，没有人类的参与反而损伤不了

地球一根汗毛，它会以自己的方式和规律运行，而且会运转得更好。如此看来，这也是人类探索和认识的禁区，即人类完全没有必要去进行所谓的探索和干预自然。

③ 古希腊古罗马神话虽然幼稚，但它毕竟是以人类自身的利益为出发点来看待世界的，因此古人对世界的看法或学问提供了科学探索的认知有无禁区的基础。

④ 与潘多拉的魔盒相似的另一个神话——所罗门的宝瓶被打开了——说的也是相同的意思：那个并不信禁区的人非要把所罗门所禁锢的宝瓶打开，结果妖魔真的出来了。只是开瓶之人总算还有智慧，又把妖魔诓回了瓶中，并发誓要告诉全世界的人，永远也不能打开这个宝瓶。这些神话理所当然地把科学和认知，以及人类的其他活动分成了有害与有益。前者就是禁区，后者则无禁区，违背了前者就可能受到报复，灾难便降临人间。

⑤ 从以神话解释世界发展到理性看待世界，以人类功利和自然逻辑看问题就产生了伦理学，发展到今天人类总结出了科学探索的四条原则：一是行善，造福人类；二是自主，尊重人的尊严和价值；三是不伤害，不能对试验者和他人造成伤害；四是公正，包括资源分配、利益分享和风险承担的三种公正。当然，这种伦理原则主要是以人类为中心，还没有考虑到如果伤害自然怎么办。如果再加上与动物和自然和平相处，实际上人类探索就不仅仅是这四个原则，而是有很多的禁区，如果有谁要闯这些禁区，无论是有意还是无意吵，都会受到报复与惩罚。

⑥ 比知，DDT 的发明与使用的确使人类能大量抑制和消灭害虫与病原微

生物，但是这种行为和产品却招来了自然的惩罚，使得全球和生态遭到破坏，人类剩下的只是“寂静的春天”。当然，这可能是人类无意的行为。但是，如果是有意的行为，也许招致的灾难更大，而无论人们是以科学的名义还是以生存的名义所从事的活动。比如，今天SARS的流行虽然不能直接证明是由人有意滥捕乱食动物所为，但是从冠状病毒的发生演变过程可以推论，人对动物肆无忌惮的捕杀猎食造成了冠状病毒新变种的出现，也才有今天人人自危的SARS。

⑦ 同样，爱因斯坦也对科学有无禁区做出了最好的回答。当初他在回答日本中小学生提问科学是否对原子弹的毁灭性灾难负有责任时是否定的，认为那只是政治家的事。但爱因斯坦去世前几个月在回复一位朋友的信中却承认，科学家应当对原子弹这样的大杀伤性武器负有责任。科学家在任何研究之前都要考虑其研究成果到底是给人类带来灾难还是幸福。

⑧ 显而易见，________________________________。

（选自《百科知识》2003年第9期）

试题

1. 文中第1自然段画线句子中的“海滩”“贝壳”各比喻什么？

____

2. 第4自然段引用神话有什么表达作用？

____

3. 填入文末的一句话，最合适的一项是

[ ]

A. 科学是有禁区的。

B. 科学家是有责任的。

C. 大杀伤性武器对人类是会带来灾难的。

D. 爱因斯坦的回答是正确的。

4. 全文的主要观点是什么?

______

5．你总结后得出上述文章观点的思维过程是怎么样的？请简述你的思维过程。

______

6．你是通过什么方法得出这个观点的?

______

试题参考答案

1．“海滩”喻人类的未知世界，或喻人类未知的知识和事物，或喻浩瀚的科学研究领域；“贝壳”喻科学研究的成就、成果。

【点拨】本题考查比喻的修辞手法，根据喻体去寻找本体。

2. 形象具体地说明有害的科学知识就可能受到报复与惩罚，要理性地控制科学活动，不能触犯禁区。

【点拨】引用神话一般作用是生动、形象、具体，再结合具体语境写出其说明内容即可。

3. A

【点拨】结合“显而易见”的上文不难推断作者要表达的意思是“科学是有禁区的”。

4. 科学是有禁区的，人类的探索不能破坏自然与平衡，否则盲目的短期行为将会招来自然的惩罚。

【点拨】本题考查对全文观点的把握。

5. 一是通读全文；二是反复逐段梳理文段的内容：文章第1段引出论题，第2段析理，并初步提出论点，第3～5段从神话解释到伦理总结，从正反两个角度论证观点，第6、7两段是具体举例进行论述，先举事例，再举人物，论证观点。最后1段是直接正面总结全文，再次强调主要观点三是综合各段信息进行信息整合。

6. 抓结论性的中心句。如第2段的末句，全文的末段等抓段落衔接性语句和词语。如第1段末句，第5段首句，第6段开始的“比如”，末段句首的“显而易见”等。梳理全文脉络法：引出话题—提出论点—正反论述—举例论述—总结全文等。

【点拨】本题重在弄清文章是怎么写的；文章各段说的是什么内容，是从哪些角度说的：段与段之间是什么关系，它们之间是如何照应的，又是如何形成一个有机整体的。只要你把作者起承转合的行文思路看出来了，把文章的领起段、过渡段、中心段、归旨段、结语段分辨清楚了，文章的中心观点就在你眼前了。

人类探索的有垠与无垠

谦虚所产生的巨大的美德力量可以从牛顿的一段话中反映出来。当人们赞誉他在科学上的巨大成就时，他回答说，我只不过是一个在海滩上玩耍的顽童，无意中捡到了几个漂亮的贝壳，而人类未知的知识和事物犹如浩瀚无垠的大海，正等待着我们去努力探索。本文不是谈谦虚，只是在人们为克隆人等问题而激烈争论时，从牛顿的话中引出一个话题：尽管人类的未知世界是如此之大，但人类的探索有没有禁区？或有垠还是无垠？

说实话，这个问题也许是一个永远的悖论，因为不仅不太容易说清楚，而且稍不留神就会滑入玄学之中。不过科学探索和认知无禁区是似乎是今天人们广泛接受的理念。马克思的一句话，凡是关于人类的知识我都要知道，既说明了人类探索未知的天性，也似乎道出了科学探索的动力，因而顺理成章地成为科学探索无禁区的最大理由，正如套用另一句话表达出相似的意思一样：我唯一的有知就是知道我的无知。相似的话还有，一物不知，学者之耻。

科学探索或人类的认知是否有禁区，也许不能从制度层面来回答，因为制度是人为的，因而也就完全可能对人类的这种行为制造禁区，极端者如“清风不识字，何必把书翻”所造成的文字狱就是人造的愚昧禁区，其危害和残暴当然人神共愤。

然而，如果从自然逻辑和多元化思维看问题，就知道既然事物无禁区，其相反面就必然是有禁区，正如有黑必然有白，有红必然有绿。反过来，无黑就显示不出白，无红就看不出绿，非恶无善，非丑无美。所以人类的科学探索和认识也存在两个方面，禁区与无禁区。再说，如果科学探索无禁区则说明只有一种选择，也就意味着没有自由，这同样不是科学探索的宗旨。

进一步说，人类的无知永远都大于有知，因为人类是不可能全知的，这也可以看做人类探索和认知的有垠。正因为如此，如果人类一点都不参与到自然界中，有时事情还更好办一些，因为说不清是人类的有知还是无知对地球和自然的损害更大，比如对地球的污染。从某种程度上讲，没有人类的参与反而损伤不了地球一根汗毛，它会以自己的方式和规律运行，而且会运转得更好。如此看来，这也是人类探索和认识的禁区，即人类完全没有必要去进行所谓的探索和干预自然。

当然，如果仅仅以这些为理由说明人的行为和科学探索有禁区也可能会陷入虚无和玄学的怪圈。所以还必须从人类自身的功利来看问题。古希腊古罗马神话虽然幼稚，但它毕竟是以人类自身的利益为出发点来看待世界，因此古人对世界的看法或学问提供了科学探索和认知有无禁区的基础。人人熟知的潘多拉的魔盒被打开了的故事是典型地从自身的功利和自然逻辑来判断科学探索和认知有无禁区的。这个神话理所当然地把科学和认知，以及人类的其他活动分成了有害与有益。前者就是禁区，后者则无禁区，违背了前者就可能受到报复，灾难便降临人间。

与此相似，另一个神话——所罗门的宝瓶被打开了——说的也是这个意思。那个并不信禁区的人非要把所罗门所禁锢的宝瓶打开，结果妖魔真的出来了。只是开瓶之人总算还有智慧，又把妖魔诓回了瓶中，并发誓要告诉全世界的人，永远也不能打开这个宝瓶。正因如此，科学探索也有好坏之分，不利于人类和自然的就是禁区。

从以神话解释世界发展到理性看待世界时，以人类功利和自然逻辑看问题就产生了伦理学，发展到今天人类总结出了科学探索的四条原则。一是行善，造福人类；二是自主，尊重人的尊严价值；三是不伤害，不能对试验者和他人造成伤害；四是公正，包括资源分配、利益分享和风险承担的三种公正。当然，这种伦理原则主要是以人类为中心，还没有考虑到如果伤害自然怎么办？不过，这也够了，实际上这四个原则就是四大禁区，违反这几个原则就是闯了禁区。

也许，这些原则所提示的禁区的理由可能还不够，那就来看看另一个禁区的理由。一般来说人们在生活中总是有意无意地自己给自己设置禁区，因为有了禁区才可能更好地生活。比如，每个驾车者实际上都是被一个人类在无意中自我设计的禁区所蒙骗，他们都看不到方向盘是否与车轮的车轴联在一起。但是他们都相信方向盘永远是与车轮连在一起的，转动方向盘车轮就会跟着转。事实上方向盘是否与车轮联在一起，谁也不知道，比如安装和修理者的粗心、假冒伪劣材料、机械故障、车辆的磨损、突然的事故等都有可能使方向盘与车轮在一瞬间断裂开。只是我们凭一种它们必然联系在一起的信念，所有的人才敢驾车，否则就没有人敢驾车。由此，禁区的作用显而易见。想想看，这样的禁区在生活中还真的不少。

说到这里就可以谈最后一个问题了，对科学探索和认知（如克隆人）的利与弊的判断。“子非鱼，安知鱼之不乐”（对人类和自然有利还是有弊）？当然这可以留待实践来回答。不过，正如爱因斯坦在生前并不为原子弹的发明而“忏悔”一样，但在去世前几个月，他感到了深深的后悔，显然他意识到，研制原子弹是人类科学探索和认知的“不好”的一面，因此这种探索属于禁区。

如果所有的这些理由都不能说明白禁区与无禁区的关系，还有一种理由也许可以作为最后的理由。生活中的有些事，有时保留一点秘密比不保留秘密更好，正如一幅画，有时需要留出更多的空白，其艺术感染力会因此而更为强烈、强大、强壮和深远。

科学可以代替一切吗?

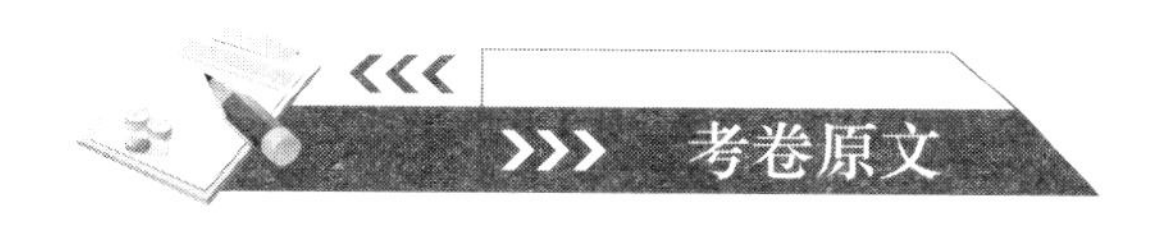

① 人们相信科学，是认为科学具有最大的力量，可以满足和达到人的一切愿望。但是，人类的愿望并非是一个人的，而是无数人的愿望，姑且不论用科学手段来达到部分人的愿望是否合理，就连一般意义上的科学的两面性，也让人感到科学是不可能取代一切的。例如，原子弹的发明是科学力量，但爱因斯坦已经对其有过忏悔了，认为不该研制原子弹。

② 进一步从别的角度看，如果科学可以改变一切和达到人们的愿望，那么是否应当让科学来这么做?

③ 作为一个正常人，工作、劳动的动机是指望回报，这种回报除了生存和养家糊口外，还有作为生物进化而贮存于神经机制中的精神满足感。英国的研究人员说，他们已经发现了这种获得回报的基因控制机理，原因在于人和猴子都有一个D2基因。如果切断猴子大脑中D2基因，会使猴子忘记对奖赏的需求，也就能让猴子没有抱怨、没有需求，也不要奖励，一直以最快和最好的状态工作，并且既不怠工，也不表现出不满。同样，也可

以对人进行这种基因改造。

④ 这样的观点甚至获得了一些伦理学家的支持。比如，牛津大学伦理学教授朱利安·瑟武列斯库就认为，人们有“道德上的义务”从基因上改进后代。进行这项研究的神经生物学家巴里·里士满也表示，找到改造人类生理和心理特征的方法为期不远。也就是说，通过基因改造，不计回报永远工作的“超人”或“完美之人”可能会出现。

⑤ 看来，科学可以改造人性已呈现希望之光。

⑥ 问题的实质在于，原本用于治疗疾病的方式现在被理所当然地认为可以用于正常人的基因改造，跨越这一界线会为人类带来什么？

⑦ 当基因改造从治疗疾病转向改造正常人时，人类的敬畏就不可避免地从过去的宗教、权力或政治转移到了科学，科学在逐渐取代“上帝”的角色。说得简单一些，科学家可能成为人人敬畏的“上帝”，因为他们有权决定对每个并不完美的人进行基因改造，而并不理会这些人的自由意志。

⑧ 其实，对今天并不完美的正常人进行基因改造，并非是“上帝”的意旨。自然的造化把人造就成并不完美的状态，并不是为了留给今天的科学家来改造或有意把“上帝”的权力移交给科学(家)，而是大自然懂得不必这么做，把人造就得有缺陷和弱点反而更有利于人类。

⑨ 大自然的造化还在于为人类留下了宝贵的自由和选择，因为只有有选择和有自由才是一个真正意义上的人。由于存在不同的差异，每个人都可

以通过自己的努力和自觉自愿的行为、认知来改变自己的生活，设计自己的人生和生活道路，人生才充满希望和趣味。

⑩ 剩下的问题是，即使基因改造可行，也会遇到自然法则的抗衡。比如，努力工作和获得报酬与奖励是一个镍币的两面。如果去除了奖励和适当休息（休息也是回报之一种），人就会成为完全不知疲倦的机器，最终死于高强度的工作。

⑪ 另一方面，自然造化把人塑造成今天这样的凡夫俗子，渴望报酬与奖励，有自私、虚荣、嫉妒等弱点，正是人性的自然和可爱之处。否则，即使工作获得巨大成绩也得不到奖励，并无法从工作的成就中获得乐趣，这样的人不正是抑郁症和强迫症患者么？

⑫ 说实话，对于忘却报酬只知干活之类的基因改造，也许只有老板最喜欢，而被改造者只会感到痛苦和恐惧。所以我们每个人都得掂量掂量，科学和科学家是否应当继“上帝”之后，以人不完美或有“原罪”为借口让人接受基因改造。

（选自《百科知识》，有改动）

试 题

1. 仿照第①节的举例方法，请你写出一个例子，用来证明“科学是不可能取代一切的”。

2. 第⑥节中“这一界线”指的是什么？

3. 从全文看，作者反对让正常人接受基因改造的理由是什么？

4. 文中“看来”“其实”“另一方面”“说实话”等词语在表达上起什么作用？

5. 科学具有最大的力量，但是科学又不可能取代一切。对于文中的论断，你有什么评论？

试题参考答案

1. 示例：智能机器人的发明是科学力量，但是一旦由机器人包揽所有家务活，人类就无法体验生活细节的乐趣。

2. 基因改造从治疗疾病转向改造正常人。

3. 大自然把人造就得有缺陷和弱点反而更有利于人类；大自然为人类留下了宝贵的自由和选择，使人成为一个真正意义上的“人”；即使基因改造可行，也会遇到自然法则的抗衡；基因改造会改变人性的自然和可爱。（要求进行适当的概括，写出两条以上即可）

4. 在段与段之间起语意的承接或转换作用。

5. 提示：科学是一把双刃剑。我们要用科学的态度对待科学，培养正确的科学观。（能从文章的内容出发，结合个人认识，意思表达清楚即可）

科学要不要替代“上帝”?

作为一个正常人，工作、劳动的动机是指望回报，这种回报除了生存和养家糊口外，还有作为生物进化而贮存于神经机制中的精神满足感。英国的研究人员说，他们已经发现了这种获得回报的基因控制机理，原因在于人和猴子都有一个D2基因。如果切断猕猴大脑中的D2基因，会使猴子忘记对奖赏的需求，也就能让猴子没有抱怨、没有需求也不要奖励，一直以最快和最好的状态工作，并且既不怠工，也不表现出不满。同样，也可以用这种基因改造的方式让人不计酬劳地忘我地工作。

这样的观点甚至获得了一些伦理学家的支持。比如，牛津大学伦理学教授朱利安·瑟武列斯库就认为，人们有“道德上的义务”从基因上改进后代。进行这项研究的神经生物学家巴里·里士满也表示，找到改造人类生理和心理特征的方法为期不远，这项技术将首先作为试管授精的附加技术出现。也就是说，通过基因改造，不计回报永远工作的“超人”或“完美之人”可能会出现。而原本并不完美的人是可以通过基因改造来达到完美的。

看来，科学可以改造人性已呈现希望之光。

问题的实质在于，原本用于治疗疾病的方式现在被理所当然地认为可以用于正常人的基因改造，跨越这一界线会为人类带来什么？

当基因改造从治疗疾病转向改造正常人时，人类的敬畏就不可避免地从过去的宗教、权力或政治转移到了科学，科学在逐渐取代“上帝”的角色。说得简单一些，科学家可能成为人人敬畏的“上帝”，因为他们有权决定每个并不完美的人进行基因改造，而并不理会这些人的自由意志，当然进行基因改造时，有些人并没有意志，如胚胎，或不能表达自己的意愿，如新生儿、幼儿。

其实，对今天并不完美的正常人进行基因改造并非是“上帝”的意旨。自然的造化把人造就成并不完美的状态并不是为了留给今天的科学家来改造或有意把“上帝”的权力移交给科学（家），而是大自然懂得不必这么做，把人造就得有缺陷和弱点反而更有利于人类。

大自然的造化还在于为人类留下了宝贵的自由和选择，因为只有有选择和有自由才是一个真正意义上的人。由于存在不同的差异，每个人都可以通过自己的努力和自觉自愿的行为、认知来改变自己的生活，设计自己的人生和生活道路，人生才充满了希望和趣味。

剩下的问题是，即使基因改造可行，也会遇到自然法则的抗衡。比如，努力工作和获得报酬与奖励是一个镍币的两面。如果去除了奖励和适当休息（休息也是回报之一种），人就完全会成为不知疲倦的机器，最终死于高强度的工作，正如没有痛觉神经的人，必然失去痛觉的保护而会更快地死亡。

另一方面，自然造化把人塑造成今天这样的凡夫俗子，渴望报酬与奖励，有自私、虚伪、虚荣、嫉妒、贪婪等弱点，正是人性的自然和可爱之处。否则，即使工作获得巨大成绩也得不到奖励并从工作的成就中获得乐趣，这样的人不正是抑郁症和强迫症患者么？而且当基因改造使人没有了自私、虚伪、虚荣、嫉妒、贪婪等弱点，人还会有现在这么可爱吗？

说实话，对于忘却报酬只知干活之类的基因改造，也许只有老板最喜欢，而被改造者只会感到痛苦和恐惧。所以我们每个人都得掂量掂量，科学和科学家是否应当继“上帝”之后以人不完美或有“原罪”为借口让人接受基因改造。

第Ⅳ部分

阅读和教辅

本章的5篇文章入选全国一些中、高考阅读教辅书和材料，虽然没有入选考卷，但是也是语文学习和考试的必备阅读文章，阅读和了解这类文章不仅对提高语言文字能力有帮助，而且对中、高考或初、高中的务类考试都有帮助，至少可以开阔眼界和视野，也获得阅读的快乐。

珍爱自己的身体既是孝敬父母又是成功

女网友“红粉宝宝”从16岁起就开始整容。迄今她耗费400多万元，做了200多次手术，几乎全身上下都整过容，除了常见的双眼皮、睫毛、酒窝、鼻子、嘴唇、抽脂、隆胸、增高外，还有一些特别的部位，比如太阳穴填充、鼻唇沟。然而，这些整容术不仅没有让她变得更美，反而让她遍体鳞伤。因为，她经历的200多次整形手术从严格意义上来说，不是整得更漂亮，而是为了修补失败。

有哲人曾说，告诉我，你和谁在一起，我就告诉你，你是谁。同样，在今天，一个人如何对待自己的身体和相貌，也能让人知道这个人有着什么样的生活态度和行为方式。别说做200多次手术这种对自己身体的自虐和不珍重，就是整容几次也能体现出一个人并不珍惜自己的身体和相貌，也就是对父母的不孝。

直到今天我们都还在推崇孔子的话，身体发肤，受之父母，不敢毁伤，孝之始也。其实，这也是孔子被尊为“圣人”的原因之一。因为，他的有些话可以穿越千年的时光隧道到达科技把生活改变得面目全新的今天，并清晰地呈现那种本质上难以磨灭的至情至理。

孝敬父母有多种做法，可为何孔子要把保持原色原貌当作人的孝之始呢？这其实可以从台湾小学的启蒙读本中找到最基本的答案：我们从婴儿呱呱坠地那一天，父母无时无刻不在照顾你，关心你的健康、学业，但作为子女的你有没有做过一些令父母担心的事情呢？如果你横冲直撞过马路、胡乱吃一些不干净的食物、未告诉父母就出外玩耍、通宵上网、离家出走等等，这些都是违背孝的本意，更会令父母忧心你的身心安危。如果你要做一个孝顺的子女，最基本要做的就是保重身体，不要让父母担心你生病，或是担心你有其他危险。

不让父母为你担心，保留父母给你的原色原貌，就是孝之始。进一步讲，对父母之孝更体现在你是否已经独立成人，是否让父母感到自豪，而不是相反。不惜对自己身体容貌动刀和毁损，首先是表明自己并不满意父母给予自己的身体和容貌。这实际上是在责怪父母，为何不把自己创造得更美丽更聪明和更健壮。

实际上，不是父母不愿意把子女都打造得更美丽更聪明和更健壮，而是 DNA 的印迹和自然法则决定了我们每个人只能生得像我们的父母一样，既有缺陷，更有不足。如果你频频地整容也就是在频频指责父母为何没有把你生得更漂亮，更是在嫌弃父母，这会让父母多么伤心，多么无地自容！

当然，让父母痛心的还在于，那些经历了无数次整容的人弄得全身伤痕累累，更是伤在你身上，痛在父母心上，恨不得让自己来替代你的痛楚。让父母如此伤心，更是对父母的不孝。而且，虽然说钱财是身外之物，但花费了巨额钱财却导致了比竹篮打水更糟糕的结果——全身受损甚至残废，岂不让父母更多一份心疼？

不过，整容最大的败笔在于，这会让父母和他人知道你并没有长大成人和成熟。父母对子女的最大希冀在于，子女能自立于社会、身心健康、人格独立。这几个方面也是一个人成功的基本标准。但是，整容者却在这些方面最让父母担心。根据许多专家学者的调查，整容者中虽然不乏心理正常者，但相当多的人是有心理障碍的，包括心理敏感型，有真的畸形，心理负担也很重；精神病态型，仅有轻微畸形，但心理负担严重；心理障碍型，无畸形或缺陷，但由于心理障碍，要求整容等。

显然，多次整容者或多或少都存在一些心理问题，因此，与身心健康至少有一定的差距，当然也谈不上做人的成功（并非是有钱财、地位和权力才算成功）。这种情况恐怕是对父母最大的不孝。

几千年前甚至几百年前，人们并不知道生物学的一个常识——所有人的基因都是有缺陷的，因而所有人都不是完美的。然而，在不知道这个生物学常识的时代，很多人也会模糊认知到这种自然规律并珍爱自己的身体。除了孔子，还有一个人显然做得非常好。林肯这个有着瘦瘦长长的脸，稍稍有些驼背，长长的胳膊上长着一双不成比例的大手，甚至被怀疑有马凡氏综合征的人，是最有理由指责父母没有把自己生得更为英俊和健壮的。但是，林肯却由衷地说，我之所有，我之所能，都归功于我天使般的母亲。

要知道，我们绝大部分人都是极为普通和平常的人，天生丽质只是上天垂青的极少数幸运者。尽管父母赐予我们的身体并不美丽、不完善，还有许许多多的瑕疵，但是按照自然规律，我们需要接受、接纳、包容和喜爱我们天然身体的原色原貌。我们最不可能改变的就是我们自己的身体，但是最有可能改变的是自己的能力和心灵。只有这样，我们才能既孝敬父母，又会获得成功。

（原文刊于《南方都市报》2012年3月12日）

“美男横行”的动物世界

人类社会中，美女当道；而在动物世界里，则是“美男横行”。

有一个普遍的现象：许多动物的雄性都比雌性要漂亮得多，可以说，雄性在色彩、形状、体态、个头、行为甚至声音等方面普遍比雌性优异。这是怎么回事?

意在获得雌性青睐

不久前，一位朋友去买金鱼，迅速挑了一尾漂亮的雄鱼之后，他怎么也挑不出一条又漂亮个头又大的雌鱼来。卖金鱼的老板笑了笑：“雄鱼肯定比雌鱼漂亮，你可不能要求太高。”

雄鱼比雌鱼漂亮? 没错。色彩是雄性吸引雌性的主要外观手段，尤其是繁殖发育期，雄鱼为了获得雌鱼青睐，这一特点更为显著。如果仅从外观上，你还不能太准确地分辨雌雄，那么你还可以这样试一试：在鱼池或鱼缸旁边猛踏脚或拍巴掌，制造响声惊醒金鱼，这时会发现有些鱼游动速度快而且敏捷，有些鱼游动得慢且动作笨拙。游得快而敏捷的金鱼就是雄鱼，游得慢而笨拙的金鱼就是雌鱼。

广东省昆虫研究所副所长、广东省野生动物保护与利用公共实验室主任韩日畴研究员表示，动物界中存在雌雄差异，主要是性选择的结果。而性选择之所以出现与存在，是因为雌雄对繁殖和后代的投资不一样：投资多的一方选择投资少的一方。在大多数生物中，往往是雌性选择雄性，因为雌性要产卵、抚育和保护后代等。在这种情况下，雌性要求雄性个体相对较大、较强壮或更漂亮。

色彩显示健康状况

多数动物的雄性比雌性更为耐看并非是大自然的偏心，而是两性共同的选择，是为了让后代获得更优秀的遗传基因，也是雄性在交配时必须要显示和证明自己更为优秀的一种手段。

大家最熟悉的例子就是孔雀了。雄孔雀向雌孔雀求爱时，它展开的绚丽无比的尾屏就是在靠色彩获得雌性的认同。雉鸡的择偶同样如此。原来，雄性的羽毛色彩艳丽意味着它有较强的抗病能力。如果雉鸡染上寄生虫，它们的羽毛便会变得黯淡无光，失去色彩。

形体对称更受宠

丹麦哥本哈根大学的安德斯·莫勒在研究中发现，剪刀形尾巴对称的雄燕会轻而易举地吸引雌燕，组成家庭。而当把雄燕尾巴人为地剪去一点造成不对称时，这样的雄燕很难获得雌燕的芳心，只能形单影只地飞来飞去。

但是在濒危物种中，由于近亲交配比较多，它们的翅膀、胸鳍等对称部位的差异越来越大，繁殖力也下降。因此，一个物种为了种群的繁衍，必须要挑选那些具有优秀基因的个体来繁衍后代，从而能把优秀品质遗传下去。日本的研究人员发现，保持着遗传多样性的野生青鱼其左右鳍比较对称，差异性只有1.7%，而实验室养的这种鱼由于遗传基因的一致性，它们的左右鳍的不对称性较大，其差异性高达3.4%，这说明后者的生存能力和抗病能力比前者要差得多，也说明后者的雌性对雄性的选择机会太少。

雄壮称霸的信号

与雌狮相比，雄狮的浓密鬃毛使得它们既显得雄壮，又展现了健美，就像男人展现自己的肌肉一样。长而浓密的鬃毛仿佛在告诉异性：“嘿，到我这儿来。”研究人员在肯尼亚察沃国家公园等地观察发现，雌性狮子在挑选配偶时，会更钟情于那些鬃毛浓密的雄狮。

然而，对于雄性来说，一头雄狮亮出它的浓密鬃毛则是对同性的警告：这是我的领地，离我远一点。而且，如果雄狮打赢了对手，其鬃毛会变得又长又好看；如果它失败了，它的鬃毛会变得稀疏起来。研究人员发现，当一只野生雄狮在争斗中失败，它的阳刚之气就会大打折扣，其体内睾丸激素的水平也会相应随之下降，这也会使它的鬃毛变得稀疏。所以，拥有浓密的鬃毛不仅使得雄狮威武好看，而且是其性信号和武力的外在体现。

同样，雄鹿和雄羚羊也有更好看的外表，就是它们既长而色彩又鲜艳的角。雄鹿和雄羚羊会以巨大的角显示自己的强壮，既警告自己同性的争夺对手不得轻视自己，也表示它的角是一种强大的武器——当两只雄性互不相让的时候，最终它们会靠“角斗”来取得交配权和对一群雌性的支配权。因此，这也演绎出了今天大多数鹿和羚羊只有雄性有角而雌性无角的外貌，因而也使得雄性看起来比雌性更健壮和漂亮。

长得美为了保护雌性

除了吸引雌性，雄性长得更美还有一个听上去很悲壮又很“爷们”的原因：为了保护“她们”。

由于一只雄性动物产生的精子数量巨大，可以满足多只雌性生育后代的需要，至少从延续种群的角度来看，对等数量雄性的存在就显得有些多余了。因此，决定种群数量的关键是确保雌性动物能够更多地生存下来，于是要让它们的毛色尽可能接近自然，用保护色隐蔽自己，避开天敌的威胁。数量富余的雄性动物则以色彩艳丽、叫得响亮和频繁来炫耀自己，以争取和吸引雌性的关注，把自己的后代留下来；同时也吸引天敌的眼光，进而让天敌铲除其中的弱者，并使雌性动物 生存的机会更多些。

亦有雌性美于雄性者

在动物界中，雄性更美是比较普遍的现象，但雌性美于雄性的物种亦不少。韩日畴透露，有些生物是由雄性来孵育后代的，雄性的投资较多，这种情况下由雄性选择雌性，雌性个体也会相对较大、较漂亮。这种动物有水雉、雷鸟、鹞、水黾等。

对于许多“一妻多夫制”的鸟类来说，为繁殖机会而进行的竞争也远比雄性的更为频繁和激烈。与雄性相比，一般情况下，雌性的羽毛通常更加鲜艳亮丽，饰纹也更精美动人。为什么会出现这种情况？韩日畴表示，原因还不甚清楚，可能的解释是：雄鸟在其繁殖生涯中拥有多次选择配偶的机会，所以雌性为了增加自身的吸引力，它们的羽毛比雄性更为鲜艳。

（本文原载于《羊城晚报》，2011 年 7 月 2 日，原标题为：动物世界“美男横行”）

禽流感：工业文明的又一种恶果

岁末年初实在是热闹。先是美国和加拿大发现疯牛病，不仅美国和加拿大成千上万的牛遭遇被屠宰的命运，而且引发了美、加两国关系危机，并威胁到这两个国家与牛相关的经济与从业者的饭碗。接下来则是SARS重现中国，果子狸被视为瘟神，广东在5天内杀灭了1万多只果子狸。然而刚刚忙完果子狸，禽流感又接踵而至。

把近两年流行并引起人类恐慌的疾病简单归一下类可以发现，人类实质上还是在原始文明、农业文明和工业文明之间徘徊。无论是过去的黑死病（鼠疫）、天花，还是今天的SARS和埃博拉，以及正在流行的疯牛病与禽流感，它们都既与原始文明有千丝万缕的联系，又与农业文明和工业文明息息相关。

原始文明的遗迹

在原始文明时代，生产力极不发达，人类只要求能基本果腹蔽体就足够了。于是，刀耕火种成为生产力和生产方式的代表。人类只能简单地从大自然获取食物，狩猎和捕食野味是主要的生存方式之一。虽然今天人类的生产力极大发展了，吃野味的行为方式也不能完全与原始文明状态下的摄食方式等量齐观，但是人类喜食野味的习惯的确反射出原始文明的遗迹，即从大自然简单地索取食物。这样的行为方式当然不可避免地会直接染上动物的疾病。SARS 和埃博拉是最典型的例子。

爱吃野味不仅是中国人的习惯，非洲人也有这样的习惯。前者获得的后果是 SARS 流行，后者得到的教训是埃博拉猖獗。在野味中，果子狸并非人们的唯一所爱，只不过当 SARS 威胁到人类，在研究中发现果子狸更可能将 SARS 传播给人时，人类便向果子狸举起了屠刀。因为果子狸为 SARS 病毒的主要载体，果子狸 SARS 病毒的基因序列与人类 SARS 病毒同源性超过 99.8%。

然而，研究锁定人类 SARS 的传染源在野生动物中，因此除果子狸外，不同地区的野生动物如老鼠、狼、狐狸甚至蝙蝠都可能传播 SARS。所以，老鼠、狼、狐狸这些可以被人吃进口中的野味都可能是传染源。

非洲的埃博拉流行也已基本查明是从灵长类动物传染给人的。这倒不是说非洲一些部落的人更喜欢吃灵长类动物，而可能是今天他们所处的环境局限，至今他们还保留着原始文明的狩猎状态，因而吃野味是一种再平常不过的生存方式了。当然这也给他们带来了沉重的代价。

对加蓬、刚果(布)、扎伊尔、苏丹、乌干达等地埃博拉流行的研究发现，埃博拉的宿主是灵长类动物，这些地方的人有吃灵长类动物的习惯，也因此而染病。比如，2003 年 2 月 10 日，“欧盟保护中非地区森林生态系统计划”负责人让·马克·弗莱芒说，欧盟有关研究人员 2002 年 8 月和 11 月在刚果(布)西北部邻近加蓬边境的丛林里发现一些大猩猩的尸体。经取样化验，证实这些大猩猩死于埃博拉病。此后，当地居民由于误食了感染埃博拉病毒的大猩猩肉而使疫情蔓延。

于是世界卫生组织、欧盟以及刚果（布）、加蓬政府合作，为防止埃博拉的蔓延，拯救大猩猩和黑猩猩等灵长目珍稀动物，加强了对广大居民的宣传，尤其是告诫他们不要猎食猴子、大猩猩和黑猩猩等野生动物。加蓬卫生部长布库比部长表示，加蓬政府今后将号召加蓬人民提高警惕，切忌猎食野生灵长类动物，以防止埃博拉病的再次肆虐。

随后，刚果（布）卫生部部长阿兰·莫卡也于2003年2月13日在首都布拉柴维尔举行的记者招待会上证实，刚果（布）西盆地地区的凯来县和姆博莫县是埃博拉病病毒传播重灾区。该地区发生疫情初期的死者生前曾食用过病死的猴、黑猩猩、大猩猩等灵长类动物的肉。因此政府号召人们今后摒弃猎食灵长类动物的习惯。

也许中国一些人的喜食野味与非洲一些部落的狩猎生活不可同日而语，但是它们都是原始文明的遗迹，而且不可避免地会造成对人类自身的伤害。

工业文明改造农业文明的后果

告别原始文明的人类在进入农业文明后，再也不必为原始文明时期的物质不丰富而担忧了，因为耕种的粮食作物和饲养的动物（家畜）为人类提供了相对稳定而丰富的食物。除了在家养动物初期人类可能会染上动物源性疾病，但后来由于家养动物与人类生活习性保持一致或被人类同化，在病原携带和致命性上不至于把未知的毒性相当大的毁灭性疾病传播给人。这不能不说是农业文明的又一个成就。但是，工业文明的介入又把这一切搞乱套了。

人类发展到今天，早已不满意和不满足农业文明所能提供的产品。在今天的人看来，农业文明虽然告别了刀耕火种进入牛耕、手工作坊的阶段，但无论在产品的数量还是质量上都还不尽如人意，虽然手工产品在质量上并不一定全逊色于工业化的产品。于是工业文明不可阻挡地介入了人类物质消费尤其是食品消费的领域。

比如，对家畜的饲养进入工业化生产的标志是大规模集约化、现代化和自动化的饲养，人类对家畜实行了“格式化”。牛、羊、猪、兔、鸡、鸭、鹅、鱼等，都被圈养在标准化的格子、笼子或箱子中。它们所吃的也是经过配方处理的饲料，激素、杀虫剂、抗生素无一不掺杂其间。人们的要求得到了满足，牲畜出栏率高了，肉、蛋、乳和各种附加产品多了，生长期缩短了，产品极大地丰富了。另一方面，特殊的疾病也就不请自来。

比如疯牛病在今天的大规模流行，究其原因，主要还在于欧美国家饲养牛群的工业化生产方式。一是对牲畜添加生长激素和抗生素，前者是刺激生长，后者是为了抗病；二是对牛、羊等饲喂并不适合于它们的饲料——把宰杀后的牛和羊的骨头、肉、血液、凝胶和脂肪绞碎制成的饲料，即所谓的MBM饲料，结果首先在英国导致了疯牛病。

英国1985年发现疯牛病后，研究人员对病因进行了多方调查，1987年12月科学实验首次证实对牛饲喂动物肉骨粉引起了牛海绵状脑病(BSE)，即疯牛病。1996年3月疯牛病顾问委员会（SEAC）的报告同时指出，人的新型克雅氏病（CJD，即疯人病）也与人吃了MBM饲料喂的牛、羊等动物食品有关，因为动物骨粉、肉粉饲料中的普里昂是很难杀灭的，甚至能传递下去致使下一代染病。

禽流感：又一种工业化生产的恶果?

2003年冬至2004年春，禽流感袭击世界10多个国家，造成30多人死亡，数千万只家禽死亡。从本质上看，禽流感就是人流感的根源，因为所有的流感都可以看成是禽流感，包括1918年导致2000万至4000万人死亡的西班牙大流感。

那么，禽流感是如何起源和传播的？眼下，研究人员正在努力探讨禽流感的原因，虽然还没有确切定论，但一些线索已表明，禽流感既是农业文明的结果，也是工业化养殖的后果。

迄今一些新发现表明，流感病毒的易变性是由其表面的两种抗原引起的，即血凝素（H）和神经氨酸酶（N），它们可以通过随机组合而产生新的病毒株。从已经发现的15种H和9种N来看，都可以追溯到鸭子和其他一些野生水禽，因此可以说，地球上的每一种流感病毒都可以追溯到水禽那里。但是，光靠禽类还传染不到人，因为禽流感病毒不适宜在人体内生长，原因在于这种病毒，一是需要禽类身体中特殊的受体并与之结合才能入侵宿主，二是禽类体温较高适宜于生存。

于是在人们养鸡养鸭的同时，中间媒介产生了，因为人类也养猪。而猪的呼吸道中兼有人类和禽类的让流感病毒附着入侵的受体。于是，从养鸡养鸭到养猪，流感病毒便找到了进攻人体的途径，而且产生了变异的理想条件。所以，1918年的小流感却造成大灾难的悲剧发生了，因为人体免疫系统无法识别并进攻变异的流感病毒H1N1。而今天通过对1918年大流感H1N1病毒的检测发现，它确实含有禽、猪和人的流感病毒的多种基因片段。

今天，虽然普遍认为禽流感的源头是带病毒的候鸟，由它们传播给家禽，但另一种方式同样对禽流感的迅速而大规模的传播起到了重要作用，这就是集约化的工业养殖方式以及不卫生的养殖方式，它们也是禽流感迅速蔓延和恶化的重要原因。比如，世界卫生组织专家韦伯斯特认为，亚洲大型养鸡场中鸡只的密度大，鸡笼环境狭窄，加上传统的活家禽市场，都是禽流感迅速流行的重要原因。这些因素不仅导致鸡的生长环境不卫生，而且禽流感病毒能迅速改变基因结构，助长了病毒基因的“重组”，使得禽流感可能迅速变种，引起现在禽流感的H5N1病毒以后很可能与人类流感病毒混合，然后直接人传人。

也正是在集约化的工业养殖场，家禽和家畜疫病难以控制，人们往往在饲料与饮水中投入抗生素。虽然刚开始禽类的发病率下降，生产率提高，但抗生素很快就会因抗药性而失效，只好再更换新的药物。于是在频繁地换药中，人类难以再找到治疗禽流感及其他疾病的药物，直到现在也没有找到治疗禽流感的特效药。

虽然人类自农业文明以来，就因为与动物的亲密接触而增加了病毒从动物传染到人的机会，比如，天花、肺结核、麻疹和流感等常见传染病，都被认为与牛、猪、鸡等家养动物有关，但是工业化生产的介入从来没有像今天一样在引起人类疾病和对人类害危害方面比过去更大和令人束手无策。这究竟是文明的代价还是自然对人类的生产方式、生活方式拉响的警钟？回答这个问题也许还需要更多的时间和更沉重的代价，因为我们还没有计算哪些大量加入了各种激素和抗生素所生产出来的产品对人类健康和生命长期而深远的影响。

（本文原载于《科学时报》2004年2月16日）

砸车老人凸显中国缺失的安全文化

2009 年 7 月 9 日晚，一位老人站在兰州南滨河路金港城小区北门前的斑马线上，手中拿着砖块，只要有车辆闯红灯经过，老人便会用砖块砸向违章车辆。老人持砖连砸 30 辆违章车，直至警方赶到后制止。老人称，一些司机在斑马线上无视行人，他此举就是为了教训这些违章司机。

兰州老人砸车其实与南京小车撞死 6 人（算上一名胎儿）、伤 4 人以及成都公交车燃烧一样，反映的是中国安全文化的严重缺失。文化最广泛的含义是指人们的思维和行为方式。而体现在人们的行为上的核心之一是，人的行为是否有章可循，有法可依，也就是没有规矩不成方圆。安全文化的重要体现则是，一个社会是否有科学有效的交通安全法，既能保护广大公众，又能让人们的出行更为便捷。

现在看来，在这些方面中国是非常缺失，以致让老人挺身而出砸违章的汽车。首先，要说明的是，老人的行为也是违规或违法的，因而以非对非当然不足取。但是，为何老人要砸车？原因是汽车首先违规闯红灯，这严重危及当地公众包括老人的健康和生命安全。其次，由于现有的法规和规定管理不了司机闯红灯，老人才挺身而出，试图以极端的以非对非的方式阻止司机闯红灯。正是感觉到安全文化的严重缺失因而危及公众的安全，无数公众积极支持老人的行动，并为老人砸车广泛喝彩，而且还有两三个老人也加入到砸车的队伍中来。这说明砸车是深得人心。

由此就涉及现有中国安全文化的缺失。现在的交通管理既没有效率也没有人来执行。正如有人评价一样，如果能装一个电子眼，把闯红灯的车辆摄下来予以处理和罚款，就可能制止司机闯红灯。

但是，这又涉及中国安全文化缺失和无效的另一个问题。即使有规则，这样的规则也是不灵光和无效的，因为违规的代价太小，即使装上电子眼，也未必能阻止司机闯红灯。支持老人砸车的公众给出了理由。闯红灯最多只不过罚 200 元，而砸闯红灯的车窗，司机换一个也得要 500 元，也就是让他们记住教训，以后别再闯红灯。

这种极端的行为固然不足取，也可能效果有限，但反映的是中国安全文化的另一个痼疾——有规则但无效。南京车祸惨案是典型事例之一。肇事司机张明宝敢于明目张胆地醉酒驾车夺人性命，就在于现有的交通法规不足以制止诸如醉酒驾车这样的违章和违法行为，因为违规违法者付出的代价太小，几乎可以忽略不计。

按我国的交通法规，即使醉酒后驾车，顶多不过是暂扣半年的驾驶证，半年后又可以照样开车；即使吊销机动车驾驶证，也可在两年后再次申领。而且，交通肇事致人死亡后，一般只以交通肇事罪来惩处，最高也只是判处 7 年监禁，甚至有些人如果赔钱后还会得到更轻的处理，如缓刑和减刑。这种情况已经在中国形成了一种恶劣的安全文化，驾车可以不守规矩，可以闯红灯，可以超速，可以醉酒驾车，出了事可以用钱摆平，等等。

而且，这样恶劣的安全文化外国人也跟着学。本来在良好安全文化熏陶下的外国人是不会闯红灯不会超速行驶的，但到了中国就演变成淮南为橘淮北为枳，同样会闯红灯、超速行驶。问其理由，回答是，人人都这样，我也这样。而且违规了顶多交一点点罚款，啥事也没有。而在自己的国内又为何不敢违规呢？因为会终身禁驾，会赔个倾家荡产，会把牢底来坐穿。

违规成本太小的结果也同样造成并非只是司机在违规，而是人人都有机会违规，包括骑自行车者和行人，以致中国大城市会有一种职业叫作交通协管员，其主要职能就是专门叫停那些闯红的骑车者和行人。因为闯红灯的行人和骑车者所要付出的代价更小，也只有用交通协管员来帮助管理了。

良好的安全文化是既保护自己也保护他人，而且事半功倍；反之，低劣的安全文化则既伤害自己也伤害他人，而且事倍功半。因此，改善我们的安全文化刻不容缓。从安全文化的源头——规则和执行规则上改进是根本之道，例如让醉酒驾车者终身禁驾等，这才能既保证所有人的安全，也能避免老人去砸违规车辆的行为。

（本文原载于《燕赵都市报》2009 年 7 月 11 日）

聪明的老鼠更痛苦

生活常常为人们呈现的一种两难选择是，做一个痛苦的哲学家还是做一头快乐的猪。现代人正处在这样的痛苦选择中，想要聪明，但却要付出代价。因为做一个聪明人却可能会有肉体的痛苦。

大凡人们都想变得聪明一些，过去的说法是，聪明是天生的。但今天却可以通过寻找聪明基因使人变得聪明起来。两年前美国普林斯顿大学的华裔科学家钱卓创造了一种转基因鼠，证明它们是一种比普通鼠更聪明的老鼠，因而根据一部在美国家喻户晓的电视剧中的天才人物——医生杜奇·霍瑟——为这种老鼠取名为杜奇鼠。钱卓的做法是在一些老鼠中加入一个额外的基因NR2B。把这些有额外转基因的老鼠与一般老鼠做对照实验表明，在6项行为学指标方面转基因鼠都比普通老鼠要优异一些，尤其是在学习和记忆力方面，转基因鼠大大超过了普通老鼠。

这一研究成果马上引起了轰动，有人预测，如果把这样的手段运用到人身上，就可能使人更聪明，智商更高，社会适应能力更强。姑且不论把这一研究成果运用到人身上的伦理争论，仅仅是纯生物学技术意义上的进一步观察就使人感到，如果有人想以这种途径来变得聪明，很可能会付出巨大的代价。

最近的研究发现，转基因鼠变得聪明后，它们也付出了非常“痛苦”的生理代价——对长期的慢性疼痛变得很敏感。美国华盛顿大学的研究人员最近培养了一批聪明鼠，然后用聪明鼠与一般老鼠做对照实验。他们把甲醛溶液注射到聪明鼠和一般鼠的爪子里，在一个小时内，两组小鼠舔舐爪子的次数差不多，即表明两组鼠的疼痛感觉差不多。但随着时间的延续，聪明鼠舔爪子的次数逐渐多起来，明显超过普通鼠。这说明聪明鼠与一般老鼠忍受急性疼痛的感觉是一致的，但是对慢性疼痛，聪明鼠的耐受力显然要比一般老鼠差。

这个试验表明，如果一个人想利用转基因或改变基因的办法来变得聪明一些，就必然要付出伴随着自己比他人更痛苦一些的代价。这种痛苦代价的原因也在于基因，正所谓成也萧何，败也萧何。因为聪明鼠体内转入了 NR2B 基因，这个基因能控制一种叫做 NMDA 的受体，后者能激活神经，帮助记忆和学习，使老鼠变得更聪明。但是由于 NMDA 受体的作用，也使得小鼠的神经对长期的慢性疼痛难以耐受。换句话说，聪明鼠对疼痛和伤害都同样比普通老鼠有更好的记忆力。

当然这个研究结果还可以得出其他一些启发，比如针对 NMDA 研制止痛药。但它更能说明的是，一种基因如果有一种正面作用，也就可能有另一种负面作用，正如一张纸的正面与反面，长短相形，是不能截然分开的。不过如果有人只从纯哲学的意义上讲，我宁愿做一个痛苦的哲学家，也不愿做一只幸福的猪。这样的话，也可以做转基因的治疗，做一个聪明的人。

所以面临这种情况的话，虽然有人还是愿意想做一个痛苦的哲学家。但是也有人会考虑：做一个平庸但却没有生理苦痛的人岂不更好？

（本文原载于《三月风》，2002（6）：35-35）

编后记

如何阅读考卷中的科学美文

本书收录的25篇文章来自全国各省市各类考卷，包括中考、高考、真题卷、模拟卷、各类期末和期中考卷、单元考卷以及阅读理解的教辅材料等。这些文章有两大特点，一是全部都是科普文章，二是文章作者全都是一个人。

本书的最大特点就在于收集的科普文章全部出自一人之手，文章作者现身说法，并且把原文和选入试卷中的删节本并行排列，以让读者朋友切实感受到作者是如何写这些文章，选用者又是从哪些角度选用这些文章的。只有对试卷中的科普文章进行全方位的了解，才能搞清楚出题老师的真正意图，从而更准确和高效地把握和理解这些文章。

另外，本书收录的科普文章，本身就是非常优美的，这也是选入试卷和教材中的原因。读者们可以抛开考试做题的“功利性”，仅从欣赏的角度阅读这些文章，相信也会有诸多收获。这助于学生们增长见识，提高阅读水平。

需要说明的是，虽然在作者看来（起码创作的时候是这么想的），本书收集的文章全部与科技有关，按中国通俗的叫法是科普文章，但是，收录到考卷的教育专业人士并不认同，他们把这些文章分别叫做说明文、论说文或记叙文等，因为按内容分类太杂，不如按文章的体裁来分类更为简单和明了。这当然都是老师出于教学方面的考虑，文章作者并无意见。但必须指出，文章虽然是原作者创作的，但在选做试题时，出题老师做了一些删节，并根据教学和测试的需要设置了一些问答题和“标准答案”，对于这些，作者并没有参与，也当然并非都是作者原意。文章的创作权归作者，文章的使用权属于广大教师们。有的文章会根据出题老师的要求设置不同的测试方法，目的是测试考生们各个方面的能力。因此，标准答案不在文章作者这里，而在老师那里。

之所以附上作者创作时的原文，目的就是让广大学生朋友看到出题老师的“意图”，也就是说，老师们到底要考学生们哪一方面的能力。只有多角度、多层次地阅读和理解文章，才能作出最完美的解答。

图书在版编目（CIP）数据

考卷中的科学美文 / 张田勘著 .—北京：科学普及出版社，2017.9

ISBN 978-7-110-09573-7

Ⅰ. ①考… Ⅱ. ①张… Ⅲ. ①科学普及—作品集—中国 Ⅳ . ① N4

中国版本图书馆 CIP 数据核字 (2017) 第 139530 号

策划编辑　杨虚杰
责任编辑　汪晓雅
装帧设计　犀烛书局
内文制作　中文天地
责任校对　杨京华
责任印制　马宇晨

出　　版　科学普及出版社
发　　行　中国科学技术出版社发行部
地　　址　北京市海淀区中关村南大街16号
邮　　编　100081
发行电话　010-62173865
传　　真　010-62173081
网　　址　http://www.cspbooks.com.cn

开　　本　880mm × 1230mm　1/32
字　　数　130千字
印　　张　6.25
版　　次　2017年9月第1版
印　　次　2017年9月第1次印刷
印　　刷　北京市凯鑫彩色印刷有限公司

书　　号　ISBN 978-7-110-09573-7 / N · 229
定　　价　25.00元